DIE WECHSELJAHRE DER FRAU

VON

PRIVATDOZENT **Dr. HANS ZACHERL**

ASSISTENT DER UNIVERSITÄTSFRAUENKLINIK IN GRAZ

MIT 1 TEXTABBILDUNG

WIEN

VERLAG VON JULIUS SPRINGER

1928

ISBN-13: 978-3-7091-9712-7   e-ISBN-13: 978-3-7091-9959-6
DOI: 10.1007/978-3-7091-9959-6

Vorwort

Mehrere Abschnitte dieses Themas wurden in ärztlichen Fortbildungsvorträgen bereits besprochen. Da dieselben Anklang und Interesse hervorgerufen haben, entstand der Gedanke, das gesamte Kapitel in ausführlicherer und zusammenfassender Weise zur Darstellung zu bringen. Dadurch soll es dem Praktiker, an den sich zahlreiche Frauen mit ihren in diesen Jahren so häufigen Beschwerden wenden, ermöglicht werden, sich über die gesamten Fragen und Krankheitserscheinungen dieser Lebensepoche zu orientieren, um so den ihm anvertrauten Kranken in jener „kritischen" Zeit hilfreich zur Seite stehen zu können.

Graz, im September 1927

Hans Zacherl

Inhaltsverzeichnis

Inhaltsverzeichnis   V

Einleitung

Zu den für den Arzt interessantesten Epochen im Leben der Frau gehören die Wechseljahre. Die Erscheinungen dieser Zeit sind derart vielseitig, daß sich der Arzt häufig in seiner Tätigkeit Fragen gegenübergestellt sieht, deren Beantwortung nur durch richtige Erkennung der Zusammenhänge möglich gemacht wird. Insbesondere ist es für den Hausarzt, dessen Bedeutung leider in der heutigen Zeit immer mehr und mehr unterschätzt wird, notwendig, die abwechslungsreichen Vorgänge in diesem Lebensabschnitt zu kennen, um sie richtig deuten und würdigen zu lernen. Denn an ihn treten seine Pflegebefohlenen häufig mit Klagen über Beschwerden heran, die mitunter fälschlicherweise der Wechselzeit zugeschrieben werden, deren Zusammenhang mit dem Klimakterium oft aber auch nicht erkannt wird. In richtiger Einschätzung des Physiologischen und Pathologischen auf diesem Gebiete wird er durch seinen Rat zum Wohl der ihm anvertrauten Patientinnen viel leisten können, damit der wichtige und kritische Zeitabschnitt des allmählichen Erlöschens und Schwindens der sexuellen Produktivität mit möglichst wenig Beschwerden und Schwankungen des Allgemeinbefindens verlaufe.

Die Literatur über die während der Wechseljahre auftretenden Veränderungen am weiblichen Organismus und über den sogenannten klimakterischen Symptomenkomplex ist eine außerordentlich große. Dieselbe stammt zum überwiegenden Teil von gynäkologischer Seite, doch liegen auch von Internisten und Neurologen zusammenfassende Abhandlungen vor, welche die Vorgänge und die mit der Klimax ursächlich zusammenhängenden Erkrankungen vom Standpunkt ihres Spezialfaches schildern und beleuchten. Dieselben sind zum großen Teil in Handbüchern und Sammelwerken verstreut, doch liegt seit längerer Zeit keine zusammenfassende Arbeit über die „Wechseljahre der Frau" vor, die es dem Praktiker und Hausarzt ermöglichen würde, sich über die in dem genannten Zeitabschnitt auftretenden Erscheinungen möglichste Klarheit zu verschaffen. Dies soll im folgenden versucht werden.

Begriff des Klimakteriums

Unter „Wechsel" wird gemeinhin diejenige Phase im Leben der Frau verstanden, in der die Fortpflanzungsfähigkeit erlischt und der Eierstock allmählich aufhört, Eier zur Reifung und Befruchtungsfähigkeit zu bringen. Ebenso wie sich der Gesamtorganismus in der Pubertät für das Stadium des geschlechtsreifen Alters allmählich vorbereitet, findet auch meist der Übergang zu den Veränderungen, wie sie für die Menopause charakteristisch sind, in allmählicher Weise statt, und es setzen eine Reihe von Symptomen ein, die wir als klimakterische zu bezeichnen pflegen.

Man hat sich aber daran gewöhnt, ebenso wie der Beginn der ovariellen Tätigkeit in der Pubertät aus dem Auftreten der ersten Regelblutung diagnostiziert wird, zur Feststellung der Zeit „des Eintrittes in den Wechsel" sich des augenfälligsten Merkmals, des plötzlichen oder allmählichen Versiegens der Menstruation bei entsprechend vorgerücktem Alter der Frau, zu bedienen, eine Bestimmung, die nicht völlig richtig ist, da, wie schon Börner hervorhebt, die Grenze der zeitlichen Ausdehnung des Klimakteriums durch die erste und letzte sichergestellte klimakterische Erscheinung überhaupt gegeben ist, wobei die Blutungen nicht das wichtigste Symptom darstellen. Entsprechend dieser zeitlichen Abgrenzung sprechen wir auch von der Klimax als dem Eintritte der Menopause und bezeichnen die vor demselben eintretenden Störungen als präklimakterische, die nach dem dauernden Versiegen der Menstruation zutage tretenden Erscheinungen als postklimakterische.

Dauer der Wechseljahre

Die Dauer dieser Übergangsperiode ist eine durchaus schwankende. In der Regel wird ein Zeitraum von ein bis zwei Jahren angegeben, der genügt, damit sich der neue Gleichgewichtszustand herstellt. Mitunter ist aber die Dauer dieser Periode eine verlängerte und kann mehrere Jahre in Anspruch nehmen. In diesen Ausnahmefällen liegen aber meistens irgendwelche pathologische Veränderungen vor.

Eine Abgrenzung der Zeit der Wechseljahre gegen das Senium ist nur schwer möglich, da das Klimakterium in der Regel fließend in das Greisenalter übergeht. Mit ihm beginnt ein Altern des gesamten Körpers und insbesondere der Geschlechtsorgane.

Über das Alter, in das durchschnittlich die „Menopause" fällt, sind wir durch eine Reihe statistischer Untersuchungen genauer unterrichtet. So wurden von Schäffer an seinem großen poliklinischen Material umfangreiche Erhebungen über Beginn, Dauer und Erlöschen der Menstruation angestellt. Uns interessieren nur die Angaben bezüglich des Eintrittes der Menopause, wofür er 903 Fälle verwerten konnte. Es ergab sich als Durchschnittsalter 47,26 Jahre, was mit der allgemeinen Ansicht, daß der Wechsel in unseren Gegenden durchschnittlich in die Zeit zwischen dem 45. und 50. Lebensjahr fällt, gut übereinstimmt. Welches beiläufig die Breite dieser Schwankungen ist, geht aus der detaillierten Zusammenstellung Schäffers hervor. Das Aufhören der Geschlechtsreife und der zyklischen Genitalfunktion fällt nach seinen Untersuchungen

in　3,65 % in ein Alter von 40 Jahren
„　20,5　% 　„　　„　　　„　　　„　40 bis 44 ¾ Jahren
„　44,19 % 　„　　„　　　„　　　„　45　„　49 ¾　　　„
„　30,01 % 　„　　„　　　„　　　„　50　„　54 ¾　　　„
„　1,64 % 　„　　„　　　„　　　„　55　„　57 ¾　　　„

Auch Kleinwächter, der ein Material von 373 Frauen verwerten konnte, beobachtete den Eintritt der Klimax zwischen dem 45. und 50. Lebensjahr in 54,15%; in 18% der Fälle trat die Menopause später, in 34,85% vor dem 45. Lebensjahr ein. Stratz berechnete aus insgesamt 86.000 in der Literatur bekannt gewordenen Beobachtungen als Durchschnittsalter für das Auftreten der ersten Menstruation in Europa das 14., für das Aufhören der Menses das 46. Lebensjahr. Die normale Schwankungsbreite für die Menarche ist nach ihm das 10. bis 21., für das Eintreten der Menopause das 36. bis 56. Lebensjahr.

Den Wechseleintritt beeinflussende Momente

Seit langem ist es weiters bekannt, daß eine Reihe allgemeiner Momente die Zeit des Wechseleintrittes beeinflussen. Klima, Rasse und Vererbung, Lebensweise und konstitutionelle Momente spielen hiebei eine Rolle.

Klima

Bezüglich der Bedeutung klimatischer Verhältnisse besteht jedoch in den Angaben der verschiedenen Autoren keine einheitliche Auffassung. Während Mantegazza bei seinen in Italien angestellten Untersuchungen zu dem Ergebnis kam, daß das wärmere Klima die Menopause häufiger hinauszuschieben scheint, gelangten Bruce und Oppenheim zu der gegenteiligen Ansicht, daß in wärmeren Klimaten die Menopause in der Regel früher eintritt. Letzteres Ergebnis ist mit der Tatsache des früheren Eintrittes der Geschlechtsreife und mit dem früheren Verblühen der Frauen in südlichen Ländern in Einklang zu bringen und gewinnt dadurch an Wahrscheinlichkeit. Rouvier schließlich konnte Abweichungen überhaupt nicht feststellen. Mir erscheint es wesentlich wahrscheinlicher, daß Altersunterschiede im Wechseleintritt weniger von klimatischen als von Rasseneigentümlichkeiten und Vererbung abhängen. Den gleichen Standpunkt nimmt Wiesel ein, wenn er schreibt: „Man kann z. B. sehen, daß bei Frauen, die in südlichen Klimaten geboren werden, die Pubertät ziemlich zeitlich eintritt, ihre Töchter aber, die in nördlichen Landstrichen zur Welt kommen, durchaus nicht dem dort sozusagen einheimischen Typus des Eintrittes der Menstruation folgen, sondern gleichfalls wesentlich früher menstruieren. Die Töchter dieser Kinder, die etwa gleichfalls im nördlichen Klima geboren werden, menstruieren ebenfalls so zeitlich wie ihre Großmutter. Das gleiche gilt für das Klimakterium, das ebenfalls unbeeinflußt von rein örtlichen Verhältnissen in einzelnen Familien dem Familientypus gesetzmäßig folgt."

Rasse

Daß bei den einzelnen Rassen die Menopause zu verschiedener Zeit eintritt und die Fortpflanzungsfähigkeit erlischt, ist seit langem bekannt. So ist Mondiere der Meinung, daß die Chinesinnen höchstens bis zum 40. Lebensjahr menstruieren, und vielfach stellt sich die Klimax auch schon früher ein. Werrich fixiert den Eintritt der Klimax bei den Japanerinnen zu Ende der vierziger Jahre, und Currier fand bei seinen Untersuchungen über den Eintritt der Menopause bei den nordamerikanischen Indianerweibern, daß dieselbe oft erst mit Beginn der fünfziger Jahre zu beobachten ist und die Frauen ihre Regel noch in einem Lebensalter haben, in welchem Frauen unserer Rassen längst das Klimakterium hinter sich haben. Auffallend früh tritt die Menopause bei den Vertreterinnen der schwarzen Rasse ein. Rochebrune fand die Klimax z. B. bei den Woloff-Negerinnen mit dem 35. bis 40. Jahre. Auch die Frauen an der Sierra-Leoneküste sollen durchschnittlich mit 35 Jahren die Regel verlieren. Bei verschiedenen Völkern Indiens soll auch wesentlich früher als bei uns die Gebärfähigkeit erlöschen, und Marschall stellt über die Weiber des Todas eine Tabelle auf, nach welcher sie durchschnittlich mit 37 Jahren aufhören, Kinder zu gebären. Auch bei Tungusinnen und Ostjäkinnen ist meist mit 30 bis 35 Jahren die Fruchtbarkeit erloschen. Stratz ist der Meinung, daß das Klimakterium um so früher eintritt, je niedriger die Rasse steht, und daß ebenso, wie der alte Hufeland verkündet, „das Leben um so rascher abläuft, je schneller es erblüht ist".

Vererbung

Auf den Einfluß der Vererbung bezüglich des Eintrittes der Klimax wurde schon früher hingewiesen. Er geht eigentlich schon aus der Bedeutung der Rasseneigentümlichkeit für den Wechseleintritt hervor. Auch v. Jaschke betont den Zusammenhang der Vererbung mit dem Eintritt der Menopause, und ich selbst konnte in einer Reihe von Fällen, die durch relativ spätes Sistieren der Menses auffielen, anamnestisch erheben, daß auch bei der Mutter und eventuellen Geschwistern ein Climacterium retardatum zu verzeichnen war. Auf die Fälle, wo sich die Grenze des Wechseleintrittes nach unten verschiebt, wird später bei Besprechung des Climacterium praecox eingegangen werden.

Äußere Lebensbedingungen

Gewisse Beobachtungen sprechen weiters dafür, daß auch die äußeren Lebensbedingungen für den Eintritt der Menopause von Bedeutung sind. Krieger und Kisch glaubten, behaupten zu können, daß in niederen Ständen die Menstruation häufig früher erlischt, und auch Mayer fand für Berlin die Menopause von Frauen höherer Stände mit 47,138 Jahren und von Frauen aus den niederen Bevölkerungsschichten mit 46,976 Jahren, woraus ein durchschnittlicher Unterschied von 1 Monat und 28 Tagen folgen würde. Daß Unterernährung und Überanstrengung, die ja in den niederen Bevölkerungsklassen häufiger anzutreffen sind, eine frühere Menopause herbeiführen können, ist ja ohne weiteres einleuchtend. Trotzdem sind auch unter abgearbeiteten Proletarierfrauen Menschen nicht so selten, bei denen die Menopause hinausgeschoben ist.

Konstitution

Ein Grund für ein früheres oder späteres Eintreten des Klimakteriums liegt gewiß in endogen-konstitutionellen Faktoren, worauf besonders Aschner hinweist. Doch ist darüber noch verhältnismäßig wenig bekannt. Aschner glaubt, daß es besonders die breitknochigen, nicht allzu fettleibigen Frauen mit dunkler Haarfarbe sind, bei denen die Menstruation am längsten zu dauern scheint. Daß bei infantilen Individuen die Menopause oft früher eintritt, versteht sich leicht, weil die allgemeine Entwicklungshemmung auch früher zum Erlöschen der ungenügenden Funktion der Eierstöcke führt. Auch Frauen mit männlichem Habitus, einer Hypertrichosis, und der sogenannte intersexuelle Typus (Mathes) neigen häufig zu frühzeitigem Eintritt der Menopause. Bei Bewertung des Einflusses körperlicher Konstitution auf den Wechseleintritt können selbstverständlich nur allgemeine Grundsätze aufgestellt werden, da die verschiedenen Konstitutionstypen an den einzelnen Individuen nur selten in reiner Form auftreten und die verschiedenen Formen sich dabei gegenseitig beeinflussen können.

Auf eine Frage wäre noch einzugehen. Durch Krieger und Kisch wurde die Meinung vertreten, daß frühzeitiges Auftreten der Menarche späten Eintritt des Wechsels involviere und umgekehrt. Diese Behauptung darf, wie v. Jaschke bereits betont, als widerlegt angesehen werden. Es ist nach Untersuchungen Schäffers nur richtig, daß die Dauer des geschlechtsreifen Alters bei früh Menstruierten im allgemeinen eine etwas längere ist, während Individuen mit späterem Eintritt der ersten Menstruation in der Regel nur durch kürzere Zeit menstruiert werden, als dem Durchschnitt entspricht. In beiden Fällen tritt jedoch die Menopause, wenn nicht anderweitige Momente (Konstitutionsanomalien usw.) in Betracht kommen, zu gleicher Zeit ein.

Krankheiten

Ein Einfluß auf den Eintritt des Klimakteriums ist weiters durch eine Reihe verschiedener genitaler Erkrankungen gegeben, von denen ich als die häufigste das Myom nennen möchte. Hier tritt die Menopause bekanntlich oft verspätet ein, was dadurch seine Erklärung fände, daß von vielen Seiten als ätiologischer Faktor für die Veränderungen am Uterus eine ovarielle Hyperfunktion angenommen wird. Auch bei Stauungen im Bereich der Beckenorgane infolge Enteroptose, Obstipation und bei der Retroflexion des Uterus ist häufig die Menopause hinausgeschoben, ein Umstand, der in vielen Fällen den verspäteten Wechseleintritt bei Individuen mit asthenischer Konstitution, bei denen sich diese Veränderungen infolge der „Schlaffheit" der Gewebe so häufig finden, erklärt.

Daß schwere Allgemeinerkrankungen oder anderweitige erschöpfende Momente einen vorzeitigen Wechsel herbeizuführen vermögen, kann nicht wundernehmen. Aber auch Traumen physischer und psychischer Natur führen häufig zu plötzlicher Menopause, wie in zahlreichen Beobachtungen festgestellt ist. Auf die große Bedeutung psychischer

Momente, plötzlichen Schreck, Angstzustände, Kummer und Sorgen, haben insbesondere Fiebag und Walthardt hingewiesen, wobei als Ursache an zentral bedingte Einflüsse auf die innere Sekretion der Ovarien zu denken wäre. Derartige Traumen, die ja auch im geschlechtsreifen Alter der Frau mehr oder minder lang andauernde amenorrhoische Zustände hervorrufen können, werden im vorgerückten Alter des Individuums die endgültige Menopause und dauerndes Sistieren der Regelblutung bedingen.

I. Der physiologische Ablauf der Wechseljahre
Das Erlöschen der Regelblutung

Wie schon eingangs erwähnt, ist das am meisten auffallende Symptom, das den Eintritt in den Wechsel anzeigt, das plötzliche oder allmähliche Versiegen der menstruellen Blutung bei entsprechend vorgerücktem Alter der Frau. Was nun die Art und Weise des Erlöschens der Menstruation anlangt, so kommen die verschiedensten Typen zur Beobachtung. Während in manchen Fällen der Typus des allmählichen Aufhörens der menstruellen Blutung ein derartiger ist, daß die in regelmäßigen vierwöchigen Zeitintervallen auftretenden Menses immer schwächer werden, um schließlich völlig zu sistieren, kommen auch Fälle vor, in denen das Erlöschen der Menstruation derart auftritt, daß nicht nur die Dauer und Intensität der Regelblutungen eine geringere wird, sondern daß sich die Intervalle mehr und mehr verlängern, bis schließlich weitere Menses völlig ausbleiben und die Menopause eingetreten ist. Ja es kann selbst vorkommen, daß die Regel scheinbar endgültig erlischt, nach mehr oder minder langer Zeit (dreiviertel bis ein Jahr), aber dann weiter in regelmäßigen Intervallen wieder auftritt, um schließlich endgültig aufzuhören. Von den letztgenannten Fällen gilt jedoch die Erfahrungstatsache, daß häufig ein pathologischer Prozeß als Ursache der neuerlich auftretenden Blutung anzuschuldigen ist, weshalb immer eine genaue Untersuchung und exakte Beobachtung der betreffenden Patientin angezeigt erscheint.

Mitunter ist auch ein plötzliches, endgültiges Sistieren der Regelblutung zu beobachten, das in der Mehrheit der Fälle mit größeren oder geringeren allgemeinen Beschwerden für die Patientinnen einhergeht. Zuweilen deutet die Frau das Ausbleiben der Regel in Verbindung mit anderen subjektiven Erscheinungen der Wechselzeit (Meteorismus, vermehrter Peristaltik, Üblichkeiten usw.) als Zeichen der Gravidität, wobei sich mitunter alle Symptome der „eingebildeten Schwangerschaft" (grossesse nerveuse) finden können. Eine ärztliche Untersuchung wird in derartigen Fällen sofort Aufklärung bringen. Plötzliches, endgültiges Erlöschen der Regel ist häufig bei vorzeitigem Eintritt des Wechsels, beim Climacterium praecox, zu beobachten.

Die bisher geschilderten Arten des Aufhörens der Katamenien sind als physiologische zu bezeichnen; alle übrigen Formen, die mit gesteigerten

Blutungen einhergehen, sind bereits als pathologisch zu bewerten. Auf sie wird später einzugehen sein.

Veränderungen an den Geschlechtsteilen

Das Erlöschen der Regelblutung ist jedoch nicht allein das Symptom, welches die Wechselzeit anzeigt, wenngleich es am meisten in die Augen springt. Es treten auch Veränderungen an den Geschlechtsteilen der Frau auf, die in Rückbildungsvorgängen bestehen und durch den Funktionsstillstand der Ovarien, dessen letzte Ursache allerdings noch in völliges Dunkel gehüllt ist, hervorgerufen sind. Dabei ist zu betonen, daß der erwähnte Schrumpfungsprozeß wohl mit dem Erlöschen der Ovarialtätigkeit beginnt, von da ab sich aber allmählich entwickelnd und stetig zunehmend, erst im hohen Greisenalter seinen Abschluß findet. Die klimakterische Involution geht fortschreitend in die senile über.

Mit Eintritt der Klimax beginnt an der äußeren Scham ein Schwund des Fettpolsters in der Gegend des Schamberges und an den Schamlippen. Die Vulva wird kleiner, schlaff, die kleinen Labien atrophieren, werden welk und stellen ganz dünne Hautfalten dar. Die früher reichlich vorhandenen Talgdrüsen schwinden fast gänzlich; nur an der Übergangsstelle in den Vorhof finden sich noch Reste von ihnen. Die elastischen Fasern sind an Menge erheblich vermindert.

Die Scheide, die im Beginn der Wechseljahre häufig eine starke Hyperämie zeigt, erhält allmählich durch Verödung der Gefäße ein charakteristisches Aussehen. Es wechseln dunkelrote Flecken mit blässeren Zwischenpartien ab und verleihen der Schleimhaut eine eigentümliche fleckige Färbung. Dieselbe verliert allmählich ihre Falten; ihre Oberfläche wird glatt. Dabei hat sie ein trockenes Aussehen. Sie wird dünner und muskelärmer. Im weiteren Verlauf kommt es zu allmählicher Schrumpfung des Vaginalrohres, es wird enger, kürzer und weniger elastisch und verjüngt sich trichterförmig nach oben zu; die Scheidengewölbe sind fast völlig aufgehoben. Auch der Introitus ist oftmals erheblich enger; auch hier sind an der Schleimhaut die beschriebenen Veränderungen zu sehen. Häufig kommt es zu leichten Entzündungen der Scheidenschleimhaut, die mit oberflächlichen Epithelverlusten einhergehen können und dann ab und zu zu Verklebungen der Scheidenwände untereinander führen.

Auch am Uterus ist, wie erwähnt, im Beginn der Wechseljahre ein gesteigerter Blutgehalt häufig nachweisbar, der in einer Volumszunahme des Organs palpatorisch kennbar wird. Bald aber tritt auch hier eine Atrophie ein. Es folgt ein Schwund der Muskulatur, die infolge stellenweise langsam fortschreitender Degeneration zugrunde geht und durch Hyperplasie des perivaskulären und intramuskulären Bindegewebes ersetzt wird. Der erwähnte Schwund der Muskulatur bringt es mit sich, daß der Uterus sich als Ganzes stark verkleinert, dünner und schmäler wird und ein plattenartiges Aussehen gewinnt. Sein Gewicht kann bei Greisinnen mitunter nur 20 bis 30 g betragen. Auch die normale

Birnform des Organs verschwindet. Häufig findet sich keine genaue Abgrenzung zwischen Korpus und Kollum, beide Teile sind gleich dick. Die Prominenz des Fundus über die Tuben fehlt. Auffällig ist bei vaginaler Untersuchung der allmähliche Schwund der Portio. Sie wird kleiner, ragt weniger weit in die Scheidenlichtung herein und atrophiert oft so, daß man in der nach oben sich verjüngenden Scheide ohne jeden Übergang sofort auf den äußeren Muttermund stößt. Speziell die Portio ist es, wo es durch fortschreitende Atrophie bis zum völligen Schwund der Muskelfasern kommen kann. Diese werden nur unvollkommen durch eine Hyperplasie des perivaskulären und intermuskulären Bindegewebes ersetzt, das in Form feiner fibrillärer Streifen zwischen die schwindenden Muskelelemente eindringt.

Von großer Bedeutung sind ferner arteriosklerotische Veränderungen an den Gefäßen des Uterus. Sie können lange Zeit vor der Menopause beginnen und sind nach Untersuchungen von J. Kon und Y. Karaki schon in den dreißiger Jahren bei 62,4% der Frauen nachweisbar. Nach Untersuchungen von Pankow ist die Arteriosklerose von der Graviditätssklerose streng zu unterscheiden, die physiologischerweise nach jeder Schwangerschaft auftritt und durch elastoide Degeneration der Muskularis und Entwicklung eines neuen Gefäßrohres innerhalb des alten charakterisiert ist. Bei der Arteriosklerose hingegen bilden sich neue elastische Fasern in der sich verdickenden Intima, während sich in der Media herdweise auftretende größere Kalkablagerungen finden, die von E. Fränkel auf radiologischem Wege in den Gefäßen des Uterus dargestellt wurden. Durch die Proliferation der Intima obliterieren die Gefäßlumina vielfach. Gerade in diesem durch Wucherung der Intima bedingten Verschluß der Gefäße glaubte man die Ursache der erwähnten atrophischen Vorgänge am Uterus gefunden zu haben. Nach der Meinung von Parviainen muß es jedoch unentschieden bleiben, ob der Schrumpfungsprozeß lediglich durch allgemein nutritive Verhältnisse bedingt ist, oder ob auch mangelhafte funktionelle Vorgänge hiebei eine Rolle spielen.

Auch die Schleimhaut des Uterus nimmt beträchtlich an Dicke ab und wird bindegewebsreicher. Das Zylinderepithel verwandelt sich in ein kubisches und nimmt schließlich eine hochgradig abgeplattete, dem Endothel ähnliche Form an. Der Wimperbesatz geht verloren. Die Drüsen erweitern sich, und es kommt infolge von Retraktion des Bindegewebes zu Abschnürungen und Verödung des Drüsenhalses und bei Fortdauer der Drüsentätigkeit zu zystischer Erweiterung des Drüsenfundus, wodurch mehr oder weniger große Hohlräume, die von kubischem oder Plattenepithel ausgekleidet sind, entstehen. Durch Verödung der allmählich sklerosierenden Gefäße nimmt auch der Gefäßreichtum immer mehr und mehr ab. An einzelnen Stellen, wo die Wände der Zervix nahe aneinanderliegen, wie z. B. am Orificium uteri internum, findet mitunter eine bindegewebige Verwachsung der sich berührenden Schleimhautflächen statt, ein Vorgang, der nicht selten zur Sekretretention und Dilatation der Uterushöhle führt.

Durch gleichzeitige Atrophie der Bandapparate verändert sich auch in der Regel die Lage des Organs. Die Schrumpfung betrifft sämtliche Bänder, das parametrane Bindegewebe und auch den Beckenboden, so daß sich, wie Fränkel sich ausdrückt, das Becken leer anfühlt. Die Ligamenta rotunda sind oft nur in Form abgeplatteter, dünner Bindegewebsstränge oder bandartiger Peritonealverdickungen vorhanden und enthalten fast gar keine Muskelfasern mehr. Die vordere und hintere Bauchfellexkavation wird flacher, und auch im Bereich des retrozervikalen Gewebes kommt es zu Schrumpfungsprozessen. Dadurch wird es begreiflich, daß der atrophische Uterus im postklimakterischen Alter seine normale physiologische Lage ändert. Er liegt meist in Streckstellung, die früher bestandene leichte Anteflexion ist aufgehoben. Er sinkt zurück und kann selbst in mäßiger Retroversion angetroffen werden. Durch die bestehende Atrophie der Muskulatur des Beckenbodens kommt es weiters zu einer geringen Deszensusstellung des Organs.

Die Atrophie der Eileiter ist dadurch gekennzeichnet, daß die Tuben dünner und kürzer werden, ihr Lumen verengert sich immer mehr und mehr. Es kommt zu einer Bindegewebsentwicklung, die zuerst in der Adventitia der Gefäße zu beobachten ist und die auf Kosten der schwindenden Tubenmuskulatur auftritt, dann aber auch in der Schleimhaut nachweisbar ist. Die Zellhöhe des Tubenepithels nimmt ab, bis unter fast völligem Zilienverlust das Aussehen von Endothelzellen erreicht wird. Die Schleimhautfalten verlieren ihre Rundung, sie drängen sich dicht aneinander, so daß das Tubenlumen fast völlig verschwindet. Teilweise verschmelzen einige Schleimhautfalten unter Verlust ihres Epithels.

Das Ovar des in der Klimax befindlichen Individuums ist hauptsächlich durch die in der Menopause aufhörende Follikelbildung gekennzeichnet. Als Resten des Ovulationsprozesses begegnet man gewöhnlich nur noch obliterierten Follikeln oder fibrösen Körpern, seltener primordialfollikelähnlichen Gebilden, sowie typischen gelben Körpern. Das Keimepithel ist noch vorhanden. Das Bindegewebe herrscht vor und fällt durch seine Derbheit auf. Weitere Veränderungen finden sich an den Blutgefäßen, die in hyaliner Degeneration und Verkalkung der Media der Arterien und Venen bestehen. Von den Gefäßen greift diese hyaline Degeneration auf das umgebende Bindegewebe über, das eigentümlich glasig durchscheinend wird, wodurch große hyaline Felder, sogenannte Corpora albicantia, entstehen. Die Ovarien werden in toto kleiner und derber, sind vielfach abgeplattet. Ihre Oberfläche erhält allmählich eine höckrige Beschaffenheit und ist zuweilen so mit Furchen durchsetzt, daß sie ein pfirsichkernähnliches Aussehen gewinnt.

Die Veränderungen in der äußeren Erscheinung und ihre Abhängigkeit von der Konstitution

Den Veränderungen der Geschlechtsteile entsprechen auch solche in der äußeren Erscheinung des Weibes, die mit den Wechseljahren beginnen und fast unmerklich zu den Veränderungen überleiten, die wir gemeinhin als senile zu bezeichnen pflegen. Zweifellos fällt in einigen Fällen das Klimakterium mit beginnender Seneszenz zusammen, bei den meisten Frauen aber finden sich in diesem Lebensabschnitt eine Reihe von Merkmalen, die mit den Veränderungen des Greisenalters nichts gemein haben. Sie sind bei den verschiedenen Individuen verschieden und hängen vielfach mit der Konstitution zusammen, die von ausschlaggebender Bedeutung ist. Allerdings muß dabei betont werden, daß entsprechend dem Ineinanderfließen der einzelnen Konstitutionsformen, die beim Einzelindividuum nur selten als reine Typen zur Geltung kommen, auch die in der Klimax auftretenden Veränderungen keine absolut scharf voneinander trennbaren Klassen darstellen. Auch hier kommen Übergänge vielfach zur Beobachtung.

Die Pyknika

Was vorerst die geschlechtlich eindeutig differenzierte Form, den Status pycnicus von Kretschmer, oder die pralle Jugendform, deren eingehende Beschreibung Mathes geliefert hat, anlangt, so handelt es sich hier vornehmlich um kleine rundliche Individuen mit kurzem runden Hals, niedriger Stirn und praller, weicher, elastischer und auf der Unterlage gut verschieblicher Haut. Die bei dieser Gruppe zu beobachtenden Veränderungen im Gesamthabitus sind in der Regel recht gering; das Klimakterium geht fast spurlos an diesen Frauen vorbei. Wohl tritt eine allgemeine Vermehrung des Fettansatzes auf, doch erhalten sich dabei die proportionierten Formen. Auch die Gesichtszüge bleiben glatt und ebenmäßig; hier fällt, wie Wiesel besonders hervorhebt, auf, wie sehr die Konturen des Gesichtes in diesen Jahren an jene von Kindern erinnern.

Der Status asthenico-ptoticus

Wenn Ploss-Bartels bei Beschreibung der Körperformen der klimakterischen Frau sagt, daß alle jene sanften und schönen Rundungen, die auf zirkumskripter Fettanhäufung beruhen und uns am blühenden Weibe gefallen, in der Klimax zum Gegenstand des Mißfallens werden, weil sie förmlich herunterrutschen, und daß besonders an den Wangen, Hals, Brust, Bauch, Hüften und Nates die Fettmassen nach der Seite und nach unten hervorquellen und den Frauenkörper verunstalten, so ist in kurzen Zügen das Bild der äußeren Erscheinung des Weibes gekennzeichnet, das hauptsächlich dem Habitus asthenico-ptoticus in der Klimax entspricht. Die genaue Beschreibung dieses relativ häufigen Konstitutionstypus verdanken wir Stiller und besonders Mathes, der der Meinung ist, daß es sich dabei um eine angeborene und erbliche Konstitutionsanomalie handelt, deren Charakteristikum die abnorme Schlaffheit der Gewebe ist, die Veranlassung zur Senkung nicht nur der Eingeweide, sondern auch des Brustkorbes gibt. In der Klimax verstärkt sich der Regel nach diese angeborene Schlaffheit, wodurch die von Ploss-Bartels charakterisierte Veränderung des Exterieurs zustande kommt. In erster Linie ist der mangelhafte Turgor der atrophisch werdenden Haut und des subkutanen Bindegewebes verantwortlich zu machen. Die Spannung und Elastizität der Haut läßt nach, weshalb sie nicht mehr imstande ist, die eigenartige Fettansammlung, die sich in der Subkutis einstellt, zu tragen. Auch die Form des im Klimakterium sich bildenden Fettes ist ganz charakteristisch. Es sind kleine, nicht miteinander konfluierende Fettklümpchen, die bei der Palpation deutlich tastbar sind und die sich gegenüber der gleichmäßig anfühlenden, kontinuierlichen, subkutanen Fettmasse früherer Jahre deutlich unterscheiden. Diese Fettanhäufungen treten im Gesicht, und zwar an den Wangen und am Kinn auf, während die Schläfengegend frei zu bleiben pflegt, ja mitunter sogar eingesunken erscheint. Dadurch entsteht die charakteristische Form des Gesichtes mit herabhängenden Fettbacken und einem unter dem Kinn sichtbaren Fettwulst, der von einer atrophischen, leicht runzeligen Haut bedeckt wird. Auch im Nacken ist häufig eine mehr oder minder zirkumskripte Fettanhäufung nachzuweisen, über der aber die Haut in der Regel der Fälle stärker gespannt erscheint. Auch in den Supraklavikulargruben finden sich Anhäufungen subkutanen Fettgewebes, die vielfach selbst bei hochgradiger allgemeiner Abmagerung bestehen bleiben. An den Oberarmen dagegen schwindet meistens die in früheren Jahren bestehende Rundung; die Haut besonders der Streckseite ist schlaff, herabhängend, die Muskulatur weich. Auffallend ist ferner eine stärkere Entwicklung der Oberbrust, die durch Fettreichtum gegeben ist. Dieselbe entwickelt sich auf Kosten des immer mehr und mehr schwindenden Parenchyms. Durch ihre Schwere kommt es zum Herabsinken der Brust, der Warzenhof verkleinert sich und verliert seine Form. Er ist nach außen und unten verlagert. Die Warzen selbst bleiben prominent. Die Fettansammlung an den Nates und Hüften bei gleichzeitigem Nachlassen des Hautturgors bringt es schließlich mit sich, daß die Fettmassen nach der Seite und unten hervorquellen und so zur Verunstaltung des Frauenkörpers beitragen. Auf eine merkwürdige Lokalisation der Fettansammlung wäre schließlich noch hinzuweisen. Man findet mitunter das Fett in Form weicher, polsterartiger Verdickungen in der Knöchelgegend der Unterschenkel, wo es zuweilen Sitz schmerzhafter Sensationen sein kann.

Der intersexuelle Typus

Völlig andersartige Veränderungen bieten die Frauen in der Klimax dar, welche dem sogenannten intersexuellen Typus angehören. Sind schon in den Jahren der Geschlechtsreife verschiedene heterosexuelle Merkmale aufgetreten, die die Einreihung dieser Individuen unter den vorgenannten Typus der Konstitutionsanomalien rechtfertigten, so treten jetzt in den Wechseljahren entschieden virile Züge zutage, die diesen Frauen ein charakteristisches Gepräge geben. Es handelt sich vornehmlich um magere, große Individuen von grobknochigem Körperbau, die auch im Klimakterium eher zur Magerkeit als zu Fettansatz neigen.

Schon der Gesichtsausdruck erhält dadurch, daß die Gesichtskonturen distinkter und die Züge schärfere werden, ein mehr männliches Aussehen, das eventuell noch durch Auftreten abnormer Behaarung verstärkt wird. Zunächst pflegen vereinzelte borstenartige Haare am Kinn und unter demselben aufzutreten, die sich vereinzelt an den Wangen entwickeln können. Mitunter findet sich aber auch dichtere Behaarung von mehr dunkler Pigmentierung. Ausgesprochene Bartbildung ist selten. Zur Zeit läßt sich über die Ursache dieser Erscheinung noch nichts Sicheres sagen. Aschner glaubt für diesen heterosexuellen Behaarungstypus das Parovarium als Rest der männlichen Keimdrüse verantwortlich machen zu sollen, bleibt aber den Beweis für seine Anschauung schuldig. Berblinger hingegen ist auf Grund anatomischer Untersuchungen der Meinung, daß bei Frauen umschriebene Bartbildung dann zustande kommt, wenn im Alter die Ovarien an Gewicht einbüßen, während das Nebennierengewicht konstant bleibt; den fördernden Einfluß übt die Nebennierenrinde aus, während die sich dem virilen Typus nähernde Bartbildung normalerweise durch das Ovarium gehemmt wird. Dieser Auffassung Berblingers tritt Halban auf Grund seiner Lehre von der fixen Vorausbestimmung aller Sexualcharaktere entgegen und betont, daß im jugendlichen Alter kastrierte Frauen niemals irgendwelche Veränderungen der Behaarung zeigen. Er sieht in jeder stärkeren Bartbildung bei älteren Frauen das Hervorkommen eines latent gebliebenen andersgeschlechtlichen Merkmales, dessen Auftreten das ovarielle Hormon des funktionstüchtigen Eierstocks vor Eintritt ins Klimakterium unterdrückt hat.

Auffallend ist weiters die Beobachtung, daß in einzelnen Fällen ein Rauherwerden der Stimme zu bemerken ist, was sich durch Veränderungen am Kehlkopf und Schrumpfungsvorgänge daselbst erklärt. Bei diesem Typus der im Klimakterium abmagernden Frauen kommt es fast regelmäßig auch zu einem fast völligen Verschwinden der Brustdrüse mit stärkerem Hervortreten der Brustwarze und dunkler Pigmentation des Warzenhofes, der meist auch einzelne borstenartige Haare aufweist. Auch am übrigen Körper entwickelt sich bei vielen Frauen ein mehr männlicher Behaarungstypus. Die Grenze der Crines pubis nach oben zu ist wohl auch schon früher vielfach keine völlig normale, in horizontaler Linie abschneidende gewesen. In der Klimax kommt es aber zu einer Weiterentwicklung der Behaarung mitunter bis zur Nabelgegend, ebenso tritt eine Verstärkung derselben an Ober- und Unterschenkeln auf. Auffallend sind weiters Pigmentierungen der Haut, die auf dem Rücken und der Streckseite der Oberarme lokalisiert sind und unregelmäßige, schmutzig braune, über das Niveau der Haut nicht erhabene Pigmentflecken darstellen. Auch im Gesicht sieht man häufig um den Mund Pigmentanhäufungen auftreten, die allerdings gelegentlich auch schon früher bestanden haben können, sich dann aber in der Zeit des Wechsels dunkler färben. Auch in der Gegend der Taille verstärkt sich manchmal die durch Schnürung entstandene Pigmentierung der Haut, während die Pigmentanhäufungen in der Linea alba und in eventuellen Schwangerschaftsnarben abblassen.

Die sogenannten Ausfallserscheinungen

Wie man sieht, sind die in der Klimax sich einstellenden Veränderungen in der äußeren Erscheinung der Frau recht bedeutende und je nach der Konstitution des betreffenden Individuums recht verschieden.

Störungen in körperlicher Hinsicht

In den Wechseljahren kommt es aber nicht nur zu Veränderungen des Gesamtkörpers und der Geschlechtsteile, sondern es treten auch eine Reihe allgemeiner Störungen auf, die als sogenannte klimakterische Beschwerden oder Ausfallserscheinungen der Menopause bekannt sind. Ihre Ursache ist in dem Verlust der Gesamttätigkeit des Eierstocks gelegen. Als Drüse innerer Sekretion besteht die Funktion des Ovariums nicht bloß in dem Heranreifen der Eichen, der Ovulation, die in genau abgemessenem Zyklus erfolgend, entsprechende Veränderungen in der Gebärmutter, die in der Eieinbettung und Menstruation bestehen, zur Folge hat, sondern die weibliche Keimdrüse trägt auch die Bestimmung, mit einem Teil der übrigen innersekretorischen Drüsen zusammenzuwirken und dem anderen entgegenzuarbeiten. Der Ausfall dieser innersekretorischen Tätigkeit des Ovariums kann nun im Klimakterium zu Störungen im Zusammenspiel aller inkretorischen Drüsen führen, wie sie ja auch sonst bei Einstellung der Tätigkeit oder Dysfunktion jeder anderen innerlich sezernierenden Drüse zu beobachten sind. Daß diese Beschwerden nicht allein durch das Ausbleiben der Ovulation und das Erlöschen der Regelblutungen hervorgerufen werden, geht aus den zahlreichen Beobachtungen pathologischer Amenorrhoe im geschlechtsreifen Alter hervor, die mitunter bei Frauen nach der Geburt mehrerer Kinder durch Anämie, Phthise oder andere erschöpfende Krankheiten, oftmals auch ohne erkennbare Ursache, auftritt. Man kann nun keinesfalls behaupten, daß diese Frauen, die amenorrhoisch sind und keine Ovulation haben, sich bereits in den Wechseljahren befinden. Denn sie besitzen einen ungeschwächten Turgor der Gewebe und haben weder Zeichen frühzeitigen Alterns noch Ausfallserscheinungen der Menopause. Das Aufhören der Ovulation und Menstruation allein führt also nicht durch supponierte Retention der bei der Regel abgehenden „giftigen Stoffe" (Aschner) die klimakterischen Beschwerden herbei; dies geht auch daraus hervor, daß diese Erscheinungen sehr häufig auch schon dann zu beobachten sind, wenn die Menstruation noch ganz regelmäßig und nur das Alter ein entsprechend vorgerücktes ist. Die Ausfallserscheinungen sind vielmehr durch das Erlöschen der Gesamtfunktion des Eierstocks bedingt. Unter normalen Verhältnissen sind die dadurch entstehenden Störungen recht geringe. Ihre Schwere hängt vielfach von individuell verschiedener Empfindlichkeit ab. Das kräftige Weib der Naturvölker merkt von ihnen so gut wie nichts, das sensitivere Weib der Kulturvölker wird aber um so mehr davon heimgesucht, je stärker neurasthenische und psychopathische Anlagen bei ihm ausgebildet sind. Ein plötzlicher Eintritt des Klimakteriums bei vorher funktionstüchtigen Ovarien wird aber stärkere Beschwerden hervorrufen als ein allmählicher Übergang, weil das endokrine System Zeit braucht, um nach Wegfall der Eierstockstätigkeit einen erträglichen Gleichgewichtszustand zu schaffen. Diese allgemeinen Störungen beginnen, wie erwähnt, vielfach schon zu einer Zeit, in der noch kein Erlöschen der Regelblutungen zu beobachten ist, und können sich auch noch nach Eintritt der Menopause durch längere Zeit hinziehen. Schließlich gewöhnt sich der Körper an den Ausfall der Keimdrüse, ein neuer Gleichgewichtszustand zwischen den einzelnen innersekretorischen Drüsen stellt sich auch ohne Ovarialfunktion wieder her und die Beschwerden verschwinden.

Die Art der Ausfallserscheinungen der Menopause zeigt eine große Mannigfaltigkeit. Vorerst seien bloß diejenigen Formen besprochen, die noch als physiologisch angesehen werden können. Es muß aber von vornherein betont werden, daß analog wie bei den Störungen im Beginne der Schwangerschaft auch in den Wechseljahren „die Grenze zwischen dem, was noch als physiologisch bezeichnet werden kann, und dem, was schon als pathologisch bezeichnet werden muß, durchaus keine feste und scharfe ist" (Fritsch).

Im Vordergrund stehen meistens vasomotorische Störungen, die als Wallungen, fliegende Hitze, Kongestionen (flushings, boufées de chaleurs) bekannt sind. Sie stellen sich so ziemlich bei jeder Frau in der klimakterischen Periode ein und bestehen in örtlichen Hitzegefühlen, die anfallsweise, sekunden- bis minutenlang dauernd mehrmals im Tag ohne erkennbaren Anlaß auftreten und selbst nachts die Frauen quälen und aus dem Schlafe wecken können. Sie sind auch objektiv als deutliche Rötung meist des Gesichtes erkennbar. Die Haut fühlt sich wärmer an. Oft schlagen diese Hitzewellen in kürzester Zeit in das Gegenteil um, abnorme Blässe tritt auf. Die Wallungen sind in der Regel von erheblichen Schweißausbrüchen begleitet, denen ein leichtes Frösteln folgt. Sehr häufig beziehen sich Kongestionen und Schweiße auf dieselbe Körperpartie, doch ist dies keineswegs immer der Fall. In seltenen Fällen ist die ganze Körperoberfläche von Schweißen betroffen, gewöhnlich aber beschränken sie sich auf die obere Körperhälfte. Hier sind es nun verschiedene Stellen, die den Sitz des Schweißausbruches abgeben, meist Stirn, Wangen, Nase, Brust oder Rücken, mitunter auch nur die behaarte Kopfhaut. Bei den einzelnen Frauen bleibt die Partie, an der der Schweiß ausbricht, meist dieselbe. Die Schweißausbrüche erfolgen ebenso wie die Wallungen ganz spontan, häufig sogar nur auf die Nachtzeit beschränkt. Sie sind besonders dann, wenn sie sich auf eine größere Körperoberfläche erstrecken, von einem Gefühl der Ermattung, Müdigkeit und Abgeschlagenheit gefolgt.

Mitunter verbinden sich diese Anfälle fliegender Hitze mit einem unangenehmen Schwindelgefühl und Ohrensausen, das in Form dumpfen Summens, klingender Geräusche oder lauten Gedröhns in den Ohren auftritt und in höchstem Grade peinlich werden kann. Auch anfallsweises Flimmern vor den Augen kann sehr oft Gegenstand der Beunruhigung sein. Manchmal wieder kommt es zu subjektiv fühlbaren und auch objektiv nachzuweisenden Störungen der Herzaktion, die sich in Form von Herzklopfen, Pulsbeschleunigung und rhythmischen Unregelmäßigkeiten kundtun; dabei tritt ein äußerst lästiges Gefühl der Beängstigung auf, das im Moment der Blutwallungen empfunden wird.

Auch vasomotorische Störungen im Bereiche der Extremitäten werden nicht so selten beobachtet und von den Frauen angegeben. Sie bestehen in dem Gefühl des Eingeschlafenseins von Armen und Beinen; Finger und Zehen fühlen sich oft kalt an und erhalten eine bläuliche Färbung, während der übrige Körper warm ist. Es handelt sich in diesen Fällen um richtige Gefäßspasmen, die zu den geschilderten Symptomen führen und die meist rasch vorübergehend anfallsweise auftreten können. Auch Krämpfe der Muskulatur der Extremitäten, insbesondere Wadenkrämpfe, werden durch Kontraktionen der peripheren Blutgefäße nicht selten hervorgerufen und können besonders dann, wenn sie nachtsüber auftreten, für die Frauen recht quälend sein.

Gleichfalls in das Gebiet der Gefäßnervenstörungen sind die bei vielen Frauen in der Zeit des Wechsels auftretenden Kopfschmerzen zu rechnen, die krampfartigen Charakter annehmen können und sich als Kopfdruck, Benommenheit, Stirn- und Hinterkopfschmerz äußern. Mitunter sind sie migränartig, also halbseitig mit Magenschmerzen und Erbrechen vergesellschaftet.

Auch am Magen-Darm-Trakt können gelegentlich Störungen nachgewiesen werden, die bei vielen Frauen eine oft außerordentliche Hartnäckigkeit aufweisen. Insbesondere entwickelt sich in diesen Jahren eine oft recht lästige Obstipation, die mit stärkerem Meteorismus einhergehend, vielfach Anlaß zu recht unangenehmen Beschwerden sei kann. Mangel an Appetit, Sodbrennen oder quälendes Aufstoßen geschmack- und geruchloser Gase, Kopfschmerzen sind dabei häufig vorgebrachte Klagen. Ab und zu ist auch Erbrechen galliger oder schleimiger Massen zu beobachten. Manchmal bestehen auch Schmerzen in der Magengegend oder im Bauche, mitunter Seitenstechen, unangenehme Gasblähungen und Flatulenz. Die hartnäckige Obstipation wechselt bei manchen Frauen mit unvermittelt auftretenden, kurze Zeit anhaltenden diarrhoischen Zuständen, die aber ohne jegliche entzündliche Reizerscheinung von seiten des Darmes einhergehen und den Charakter einer reinen Sekretionsneurose des Darmes tragen.

Zu den hypersekretorischen Störungen ist auch ein mitunter recht lästiger Ptyalismus zu rechnen, der analog wie im Beginn der Schwangerschaft auftreten kann.

Schmerzen im Unterbauch und Kreuz, die in diesen Jahren öfters vorkommen, sind zuweilen auch Folge einer sich ausbildenden Enteroptose, die durch Erschlaffung der Muskulatur und den erhöhten Fettreichtum der Bauchdecken der Matrone zustande kommt.

Eine vielfach geäußerte Klage der Frauen in den Wechseljahren bildet die Schlaflosigkeit. Sie ist oftmals durch die besonders nachts auftretenden Wallungen und Schweiße gegeben, die die Nachtruhe der Frauen stören, mitunter wird sie aber auch ohne derartige Anfälle in dieser Übergangszeit beobachtet.

Störungen im seelischen Verhalten

Aber nicht nur in körperlicher Hinsicht finden wir zu dieser Zeit Veränderungen und Beschwerden, auch im seelischen Verhalten der Frauen kommt es häufig zu Störungen. Wohl wird dabei im allgemeinen der Einfluß der Wechseljahre bei weitem überschätzt, und es ist kein Zweifel, daß das Erlöschen der Menstruation auf das normale Seelenleben der Frau keineswegs jenen deprimierenden Eindruck macht, wie von vielen Seiten behauptet wird. Trotzdem ist der Ausfall der Ovarialtätigkeit für die weibliche Psyche sicher von Bedeutung. In normalen Fällen werden sich diese Störungen der Umgebung durch gesteigerte Erregbarkeit des Zentralnervensystems, auffallenden Stimmungswechsel, ein haltloses Schwanken zwischen heiteren und traurigen Zuständen mit Überwiegen der letztgenannten, durch Launenhaftigkeit und ungewohnte Reizbarkeit unangenehm bemerkbar machen. Der Grad der Störungen hängt jedoch bei physiologischem Ablauf des Klimakteriums in erster Linie wesentlich von der Fähigkeit der Selbstbeherrschung und den Charakteranlagen ab. Vielfach mögen auch die geschilderten körperlichen Ausfallserscheinungen die Frauen nervös und reizbar machen und dadurch auf das Seelenleben einwirken. Bei vielen Frauen ist jedoch der Eintritt des Wechsels in psychischer Hinsicht vorteilhaft. Man kann oftmals die Beobachtung machen, daß gerade nervöse Individuen, die zur Zeit der Geschlechtsreife an allen möglichen Beschwerden der Unterleibsorgane (Dysmenorrhoe, Hemikranie, Kreuzschmerzen usw.) litten, mit dem Ausfall der Regelblutung auch ihre Leiden zum großen Teil verlieren und nach dem Wechsel oftmals direkt aufblühen.

Bei einer Reihe von Frauen kommt es in den Wechseljahren auch zu gesteigerter geschlechtlicher Erregbarkeit und erhöhter Libido. Daran mag in vielen Fällen die im Beginn der Wechseljahre auftretende Hyperämie der Scheide und des Uterus schuld sein, die den Rückbildungsvorgängen vorangeht. In einer Reihe von Fällen ist die erhöhte Reizbarkeit aber durch entzündliche Erkrankungen der äußeren Scham hervorgerufen, die in diesen Jahren oftmals zur Beobachtung gelangen. Schließlich mag auch bei von vornherein stark sinnlich veranlagten Frauen das herannahende Ende ihres Geschlechtslebens oder der Gedanke, daß nunmehr eine Schwangerschaft nicht mehr zu befürchten ist, wodurch sie eine größere Aktionsfreiheit in geschlechtlicher Beziehung erhalten, ein gesteigertes geschlechtliches Verlangen hervorrufen.

Handelt es sich unter normalen Verhältnissen auch um keinerlei ärztliche Behandlung, so muß es in jenen kritischen Lebensjahren des Weibes doch Aufgabe des Arztes sein, den Veränderungen der Blutzirkulation, den Störungen im Nervensystem sowie den Ernährungs- und Verdauungsstörungen, welche mit den genitalen Vorgängen in Wechselbeziehungen stehen, entgegenzuwirken und die Lebensführung derart zu regeln, daß diese Lebensepoche mit möglichst wenigen lokalen Beschwerden und Schwankungen des Allgemeinbefindens verlaufe (Kisch).

Hygiene und Diätetik der Wechseljahre

Zur Verhütung und Bekämpfung all der zahlreichen Ausfalls-erscheinungen des Klimakteriums ist vor allem eine Regelung der Diät und Lebensweise notwendig. Zur Vermeidung der durch vasomotorische Störungen bedingten Beschwerden ist es zweckmäßig, alle jene Nahrungs- und Genußmittel zu verbieten, die auf Herz und Gefäße wirken und die vasomotorischen Zentren erregen. Alkohol in jeder Form, Tee, Bohnenkaffee, Zigaretten sind beiseite zu lassen. Auch eine übermäßig eiweißreiche Kost und besonders Extraktivstoffe des Fleisches, wie sie z. B. in einer starken Fleischbrühe vorhanden sind, werden besser ver-mieden. An ihrer Stelle ist eine mehr vegetabilische Ernährung zu empfehlen, die auch durch reichlichere Bildung mechanisch reizender Schlacken die darniederliegende Darmtätigkeit günstig beeinflußt. Natürlich werden hiebei Nahrungsstoffe, die bekanntlich eine starke Gasbildung hervorrufen, vermieden werden müssen, um in Fällen von lästigem Meteorismus diesen nicht zu steigern. Im allgemeinen empfiehlt sich überhaupt in diesen Jahren eine Einschränkung der Nahrungs-zufuhr. In nicht wenigen Fällen ist der starke Fettansatz in den Wechsel-jahren auch mit Folge einer übermäßigen Ernährung. Bei starken vaso-motorischen Störungen empfiehlt Sellheim eine Milchkur nach Kisch, bei der viermal des Tages Milch in Quantitäten von 90, 180 bis 250 cm^3 steigernd gegeben wird und nur zur Mittagsmahlzeit feste, substantiellere Nahrung verabreicht werden soll.

Von ganz besonders guter Wirkung sind aber gegen die in den Wechsel-jahren auftretenden Wallungen und Schweiße hydriatische Prozeduren. In vielen Fällen werden öfters wiederholte Wannenbäder von 35 bis 37° C, die in der Dauer von 15 bis 20 Minuten verabreicht werden, eine wesent-liche Verminderung der Beschwerden herbeiführen. Auch Fichtennadel-, Sauerstoff-, Sol-, Licht- und Luftbäder werden empfohlen. In anderen Fällen gelingt es durch kühle Einpackungen, abendliche Abwaschungen des Oberkörpers mit kühlem Wasser, dem man mit Vorteil etwas Essig, Franzbranntwein oder „Kölnisches Wasser" zusetzen kann, einen günstigen Erfolg zu erzielen und eine Abnahme der Häufigkeit und Intensität der Anfälle zu erreichen.

Zu empfehlen sind ferner salinische Abführmittel, die durch Ab-leitung des Blutes nach dem Darm dem Blutandrang zum Kopf und Gehirn entgegenwirken. Besonders die Heilbäder in Marienbad, Franzens-bad, Karlsbad, Mergentheim, Kissingen usw. erfreuen sich in der Richtung eines guten Rufes und werden vielfach bei derartigen klimakterischen

Beschwerden mit Erfolg aufgesucht. Bei unbemittelten Patientinnen läßt sich aber auch durch eine längere Zeit fortgesetzte Kur mit diesen Mineralwässern und -salzen daheim der Aufenthalt in den Heilbädern völlig ersetzen. Sie wirken gleichzeitig der vielfach bestehenden Darmatonie und Obstipation entgegen und beeinflussen den in diesen Jahren oft auftretenden Meteorismus und die lästige Flatulenz günstig.

Von großer Wichtigkeit ist weiters eine mit Maß und Ziel betriebene körperliche Bewegung mit viel Aufenthalt in freier Luft durch regelmäßige, nicht anstrengende Spaziergänge, nebst vorsichtig ausgeübter Körpergymnastik. Sie wirkt wohltuend gegen die Wallungen durch Ableitung des Blutes vom Gehirn und trägt gleichfalls zur Kräftigung des Herzens und Abhärtung der Hautgefäße bei. Durch derartige physikalische Körperkultur läßt sich auch übermäßiger Fettansatz in den Wechseljahren verhüten, der nebst Neigung zur Bequemlichkeit, die wieder zur Steigerung des Körpergewichtes führt, auch Senkungsbeschwerden und Enteroptose hervorrufen kann. Bei schon bestehender klimakterischer Fettsucht ist aber vor allen forcierten Abmagerungskuren dringend zu warnen. Sie rufen häufig eine völlige Zerrüttung des Zentralnervensystems hervor und können insbesondere, wenn sie durch Medikation von Thyreoideapräparaten unterstützt werden, schwere Herzschädigungen und bleibende Störungen bedingen. Bei vorsichtig ausgeführter Bewegungstherapie und systematisch durchgeführter diätetischer Behandlung wird es jedoch meist gelingen, dem übermäßigen Fettansatz in diesen Jahren wirksam zu begegnen.

Auch den psychischen Störungen und der nervösen Übererregbarkeit muß Beachtung geschenkt werden. Diese Zustände lassen sich am wirksamsten durch geregelte körperliche und geistige Beschäftigung bekämpfen. Literatur, Kunst oder Fürsorgetätigkeit und ein Wirken auf dem großen Gebiet der Wohltätigkeit sind oft als neue, die leicht erregbare Klimakterika fesselnde Betätigung, welche den Geist nicht allzusehr ermüdet, recht heilsam. Derartige Beschäftigungen wirken besonders dem ständigen und schädlichen Kreisen der Gedanken um das eigene Ich entgegen und üben dadurch eine wohltuende Wirkung aus. Daneben ist eine aufklärende und beruhigende Behandlung der vielfach nervös geängstigten Frauen von seiten des Arztes nebst Vermeidung unnötiger Irritationen der labilen Psyche durch die Umgebung geboten. Möglichste Einschränkung des Geschlechtsverkehres ist in diesen Jahren aus den gleichen Gründen dringend zu empfehlen.

Durch die geschilderten allgemein hygienischen und diätetischen Maßnahmen ist es möglich, die Beschwerden dieser Zeit in hohem Grade zu mildern und zu beseitigen und so diese Lebensepoche für die Frauen erträglicher zu gestalten.

Ist dieser wichtige und mitunter stürmisch verlaufende Zeitabschnitt der Wechseljahre glücklich überwunden, dann folgt in der Regel eine gleichmäßige, vom Genitale unbeeinflußte, harmonisch verlaufende Lebensperiode, die ins Greisenalter überleitet.

II. Der pathologische Ablauf der Wechseljahre

1. Pathologische Blutungen in den Wechseljahren

Treten schon unter normalen Verhältnissen eine Reihe von Beschwerden in den Wechseljahren auf, so ist diese Zeit ganz besonders durch Erkrankungen und pathologische Zustände ausgezeichnet, so daß sie mit Recht als kritische gilt, die mit vielfachen Gefahren und Störungen für die Frauen verbunden ist.

Ganz besonders sind die Übergangsjahre durch gehäuftes Auftreten pathologischer Blutungen ausgezeichnet. Nach den Angaben von Michaelis aus der Freiburger Poliklinik vom Jahre 1911, fallen 65% aller starken Blutungen auf die Zeit des Beginnes oder Endes der Geschlechtsreife. Der Beginn ist daran mit einem Viertel, das Ende mit drei Vierteln beteiligt. Das Vorkommen verstärkter Blutabgänge in der Wechselzeit ist etwas so allgemein, auch unter Laien, Bekanntes, daß viele Frauen dasselbe wenig beachten und selbst dann, wenn die Blutungen einen bedenklichen Grad erreichen, es oft verabsäumen, ärztlichen Rat und Hilfe aufzusuchen. Blutungen in den Wechseljahren können ohne schwere Organveränderungen auftreten und lediglich durch das Erlöschen der Funktion des Eierstocks bedingt sein. Oft aber verbirgt sich gerade in diesen Jahren hinter ihnen ein schweres Leiden der Geschlechtsorgane. Es genügt deshalb nicht, wie das vielfach noch geschieht, bei Frauen, die sich im Durchschnittsalter der Wechseljahre befinden, einfach anamnestisch das Bestehen einer Genitalblutung festzustellen und dann unter der leichtfertigen Diagnose „klimakterische Blutung" ohne genaue Untersuchung Styptika- und Sekalepräparate zu verordnen. Abgesehen von der Zwecklosigkeit einer derartigen Therapie in vielen Fällen, kann dadurch für die betreffende Frau ein unwiederbringlicher Schaden entstehen, da durch Übersehen wichtiger Erkrankungen kostbare Zeit verabsäumt wird, was nebst fortdauerndem weiteren Blutverlust auch ein Weiterschreiten eines eventuell bestehenden bösartigen genitalen Leidens bedingt, so daß eine später einsetzende rationelle Therapie nicht mehr möglich wird. Derartiger traurigster Folgen sollte sich doch heute, wo schon so oft und eindringlich darauf aufmerksam gemacht wurde, jeder Arzt bewußt bleiben und trachten, bei jeder in den Wechseljahren auftretenden Blutung über ihre Ursache ins klare zu kommen. Wenn auch nicht in jedem Fall ein Urteil darüber mit völliger Sicherheit abgegeben werden kann, so sind wir doch bei genauem Vorgehen und aufmerksamer Untersuchung, zu der wir ganz besonders im Klimakterium verpflichtet sind, in den meisten Fällen imstande, das Richtige zu treffen.

Ungemein häufig kommt es statt des allmählichen Versiegens der Menses im Gegenteil zu einer Verstärkung der menstruellen Blutungen. Dabei sehen wir, daß sich in der Regel der Fälle die Menstruationstermine verschieben; manchmal werden die Intervalle länger, wie wir es beim physiologischen Ablauf des Klimakteriums beobachten, die

Menses treten erst nach sechs bis acht Wochen, ja selbst erst nach mehreren Monaten auf. Dabei ist aber die Dauer des Blutabganges ebenfalls eine längere und kann sich mitunter über ein ganzes Intervall hinaus erstrecken. Auch die Menge des abgehenden Blutes ist oft bedeutend vermehrt. Mitunter kann es zu wahren Blutstürzen mit Abgang reichlicher Massen koagulierten Blutes kommen. In anderen Fällen wieder verkürzt sich das intermenstruelle Intervall auf vierzehn Tage bis drei Wochen oder noch weniger, wobei auch wieder die Zeit der Blutungsdauer eine vermehrte sein kann. Endlich gibt es Fälle, in welchen reichliche und spärliche Menses miteinander abwechseln und normale, verlängerte und verkürzte Menstruationsintervalle zur Beobachtung gelangen. Schließlich kommen nicht selten Fälle vor, in denen gar kein menstrueller Zyklus mehr erkennbar ist, die Blutungen gänzlich unregelmäßig auftreten und als Metrorrhagien bezeichnet werden müssen. Da in den meisten Fällen präklimakterischer Blutungen die Menge des bis zum definitiven Eintritt der Menopause abgegangenen Blutes gegenüber früher, zur Zeit regelmäßiger Perioden, eine stark vermehrte ist, so entwickeln sich häufig daraus sekundäre Anämien, die oft außerordentlich hohe Grade erreichen können. Hämoglobingehalte von 15 bis 20% nach Fleischl sind dabei durchaus keine Seltenheit.

Die Ursache pathologischer Blutungen

Schon seit langem war man bemüht, die Ätiologie dieser meno- und metrorrhagischen Blutungen zu erkennen und die Ursache dafür zu erforschen, warum das eine Mal ein allmähliches Versiegen der Regelblutungen zu beobachten ist, während es in den anderen Fällen in den Wechseljahren zu Verstärkung der Blutungen kommt. Ließen sich bei der gynäkologischen Untersuchung irgendwelche Veränderungen pathologischer Art am Genitale nachweisen, so lag es nahe, diese damit in ursächlichen Zusammenhang zu bringen. Wesentlich schwieriger erschien jedoch die Deutung, wenn trotz bestehender Blutungen ein annähernd normaler Befund erhoben werden konnte. Diese Fälle, bei denen bedeutendere Veränderungen am Genitalapparat, die ohne weiteres als Blutungsursache anzusprechen gewesen wären, fehlten, erregten begreiflicherweise das hauptsächliche Interesse. Wir wollen uns zuerst mit ihnen befassen und nachher erst auf die Blutungen eingehen, die bei pathologisch verändertem Genitale auftreten können.

In früherer Zeit war man der Meinung, daß die Ursache dieser Blutungen im Uterus liegen müsse, und beschrieb in vielen Fällen Veränderungen und Verdickungen der Korpusschleimhaut, die als Endometritis glandularis hyperplastica bekannt sind. In ihnen glaubte man die häufigste Ursache klimakterischer Blutungen gefunden zu haben. Untersuchungen von Hitschmann und Adler, R. Schröder u. a. haben jedoch zu durchgreifenden Wandlungen dieser alten Auffassung geführt. Heute wissen wir, daß die gefundenen Veränderungen der Korpusschleimhaut zyklischen Umwandlungen und ovariell bedingten hyperplastischen Zuständen entsprechen, und daß die Endometritis „eine Entzündung des Endometriums", als ätiologischer Faktor klimakterischer Blutungen nicht in Betracht kommt.

Wollen wir über die Ursache genitaler Blutungsanomalien ins klare kommen, so ist, wie Schröder besonders hervorhebt, eine genaue Anamnese von großer Bedeutung. Sie hat sich damit zu befassen, die Art der Blutungsanomalie festzustellen, ob es sich um menorrhagische oder metrorrhagische Blutungen handelt. Erstere lassen doch gewisse Regelmäßigkeiten im Auftreten erkennen, wobei von Menorrhagien auch dann gesprochen werden kann, wenn eine gegen früher auch gänzlich veränderte Periodizität der Blutungen erkennbar ist. Bei letzteren hingegen ist eine Regelmäßigkeit im Auftreten überhaupt nicht nachzuweisen. Die Aufnahme der Regelanamnese erfordert von seiten des Arztes fast immer Geduld und ein gewisses Maß von Geschick, um den Frauen das Wesentliche dabei begreiflich zu machen und sie in ihren Angaben nicht zu verwirren. Sie wird am besten an Hand eines Kalenders vorgenommen. Sehr zweckmäßig und übersichtlich ist die Anfertigung eines Diagrammes des Regelbildes in einem von Kaltenbach angegebenen Schema. Schröder hat

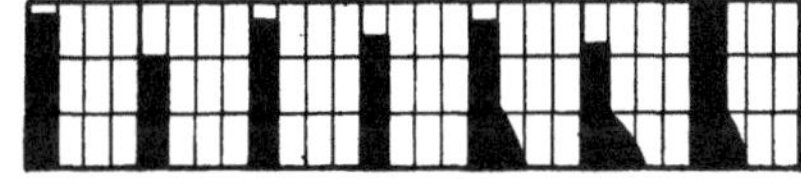

Abb. 1

dieses Schema vereinfacht und verkleinert und dadurch in handliche Form gebracht. (Abb. 1.)

Die querverlaufenden langen Striche teilen die Höhe der zu zeichnenden Säule in drei Abteilungen (schwache, mittelstarke, starke Blutung). Die senkrechten, dicken Striche teilen die einzelnen Monate ab, wobei wieder jeder Monat durch vier feinere Linien eine Einteilung in Wochen erfährt. Auf diese Weise wird es in vielen Fällen leicht gelingen, sich ein übersichtliches Bild über die Art der Blutungen zu machen. Allerdings kann es gerade im Klimakterium mitunter vorkommen, daß wir trotz genauester Aufnahme der Anamnese nicht imstande sind zu entscheiden, ob die bestehenden Blutungen meno- oder metrorrhagischen Charakters sind.

Wenn wir trotzdem bei Besprechung der Blutungsursachen von dieser Einteilung ausgehen und zuerst die in der Klimax auftretenden Menorrhagien erörtern, so wurde die Art ihres Auftretens bereits besprochen, so daß es sich nur noch erübrigt, auf ihre Ursache einzugehen. Wir müssen darüber ins klare kommen, wodurch die abnorme Dauer und Stärke der Blutung bedingt ist, und weiters, welchem Umstande die Verkürzung oder Verlängerung des Intervalles zugeschrieben werden muß.

Eine Lösung dieser Fragen ist nur dann möglich, wenn wir uns die physiologischen Erscheinungen bei der normalen Menstruation vor Augen halten, die durch zahlreiche Arbeiten von R. Schröder, Hitschmann und Adler, R. Meyer und vielen anderen bekannt sind. Der menstruelle Zyklus wird bekanntlich von den im Ovarium sich abspielenden Vorgängen der Eireifung, der Ovulation und der Bildung eines Corpus luteum beherrscht, die die Ursache für die an der Uterusschleimhaut in regelmäßigem und zeitlich zusammenhängendem Wechsel auftretenden Veränderungen abgeben.

Das Endometrium besteht nach Untersuchungen von R. Schröder aus zwei Schichten, der oberflächlichen Funktionalisschicht und der dem Gebärmuttermuskel unmittelbar anliegenden Basalschicht. Die erstgenannte stellt den eigentlichen Träger der von Hitschmann und Adler gefundenen zyklischen Veränderungen dar. Sie zerfällt während der Menstruation und geht allmählich bis herab zur Basalschicht zugrunde, von der sich erneut durch Proliferation die Funktionalis bildet. Im einzelnen stellen sich die zyklischen Umwandlungen in ihrer Abhängigkeit von den Vorgängen im Ovarium folgendermaßen dar:

Die normalerweise in vierwöchigen Zwischenräumen erfolgende Reifung eines Follikels bewirkt die „proliferative Phase" im Zyklus des Endometriums. Sie dauert bis zum Follikelsprung, der nach der Auffassung Schröders auf den 14. bis 16. Tag nach Beginn der letzten Menstruation anzusetzen ist.

Das zweite „Sekretions- oder prämenstruelle" Stadium, das sich durch deutliche sekretorische Tätigkeit der Drüsen, Quellung des Bindegewebes und deziduaähnliche Umwandlung der Stromazellen auszeichnet, wird durch das aus dem Follikel sofort nach der Ovulation entstehende und allmählich heranreifende Corpus luteum hervorgerufen. Dieses erreicht bis zum Eintritt der Menstruation sein höchstes Blütestadium und ist in seiner Lebensdauer vom Schicksal des befruchtungsfähigen Eies, welches in dieser Zeit durch den Eileiter in das Uteruskavum wandert, abhängig.

Wird das Ei befruchtet, so findet es in der so vorbereiteten Schleimhaut ein Nest, in das es sich einbetten kann.

Mit dem Tode des unbefruchtet gebliebenen Eies, an das sich die sofortige Rückbildung des Corpus luteum anschließt, kommt es zur dritten Phase, der „Desquamation der Funktionalis". Die Funktionalisschicht zerfällt, stößt sich ab, und es bleibt nur mehr die Basalschicht übrig. Aus den dabei zerreißenden und klaffenden Gefäßen, die in der das ganze Kavum des Uterus ausfüllenden Wundfläche bloßliegen, beginnt es zu bluten, die Menstruation ist eingetreten. Die Blutung aus den eröffneten Gefäßen wird nun nach der Auffassung von R. Schröder, der die Menstruation auch den Abortus des unbefruchteten Eies nennt, so lange bestehen, bis die Gefäßlumina, analog wie beim Partus, durch Kontraktion der Uterusmuskulatur zum Verschluß gebracht werden. Nach Aufhören der Blutung und Reinigung der endometranen Wundfläche setzt der Wiederaufbau der Schleimhaut, bedingt durch das Reifen eines neuen Follikels, meist ohne Stillstand sofort wieder ein.

Pathologische Blutungen bei normalem Genitalbefund

Wenn wir an Hand dieser kurzen Schilderung die Ursachen verstärkter und länger dauernder Regelblutungen in den Wechseljahren bei annähernd normalem Genitalbefund zu verstehen trachten, so müssen wir sagen, daß derartige Zustände hauptsächlich aus dreierlei Gründen zustande kommen und erklärt werden müssen. Ein vermehrter Blutabgang und eine längere Dauer der Blutung wird dann zu verzeichnen sein, wenn der Verschluß der bei der Menstruation zerrissenen und klaffenden Gefäße der wunden Uterusschleimhaut nicht prompt erfolgt. Weiters wird eine abnormale Blutfülle des Organs immer zu verstärkten Blutungen Anlaß geben. Drittens kommen als wesentlich ätiologischer Faktor Funktionsstörungen des Ovars in Betracht.

Mangelhafte Kontraktionsfähigkeit der Gebärmutter

Ein mangelhafter Gefäßverschluß wird dann erfolgen, wenn die Kontraktionsfähigkeit des Uterus nicht in genügendem Maße vorhanden ist, oder wenn die Gefäßlumina, durch Erkrankung der Gefäßwand starr, trotz normaler Muskelkontraktionskraft nicht zum Verschluß gebracht werden können.

Beide Ursachen finden sich in den Wechseljahren. Was die mangelhafte Kontraktionskraft des Uterus anlangt, so hat schon Scanzoni bei Beschreibung des fälschlicherweise als „chronische Metritis" bezeichneten Krankheitsbildes, das aber mit Entzündung gar nichts zu tun hat und heute besser nach dem Vorschlage von Aschoff und Pankow als „Metropathia haemorrhagica" bezeichnet wird, darauf hingewiesen. Pankow, der sich besonders eingehend mit dieser Erkrankung befaßte, konnte allerdings in diesen Fällen, die sich klinisch durch große und derbe Uteri mit oft erheblich verdickter Wand und Überwiegen des Bindegewebes über die Muskulatur auszeichnen, irgendwelche Unterschiede in den Befunden zwischen den Uteris blutender und nichtblutender Frauen, was das Verhältnis der Muskulatur und des Bindegewebes anlangt, nicht feststellen und lehnt deshalb einen ätiologischen Zusammenhang der Bindegewebsvermehrung mit den Blutungen ab. Abgesehen jedoch von diesen Fällen, kann es in den Übergangsjahren zu einer Schwäche der Uterusmuskulatur kommen, worauf besonders Theilhaber hingewiesen hat. Die physiologischen Veränderungen der Gebärmutter in der Klimax, die in allmählichem Schwund der Uterusmuskulatur und kompensatorischer Hyperplasie des Bindegewebes bestehen, können eine mangelhafte Kontraktionsfähigkeit des Uterus hervorrufen, wodurch eine Verstärkung und Verlängerung der menstruellen Blutung bedingt sein kann. Daß derartige Ursachen natürlich bei einem an und für sich schwachen Organ eher auftreten werden, ist begreiflich. Vielleicht ist auch darauf hinzuweisen, daß eine Muskelschwäche der Gebärmutter häufig bei an und für sich zur Gewebeschlaffheit neigenden Frauen des asthenischen Typus häufiger auftritt, weshalb gerade diese Frauen häufiger als andere zu pathologisch vermehrten Blutungen im Klimakterium neigen.

Arteriosklerose der Gefäße

Daß auch arteriosklerotische Erkrankungen der Uterusgefäße Blutungen in den Wechseljahren hervorrufen können, darauf wurde von einer Reihe von Autoren (Scanzoni, Kisch, Reinicke, Simmonds, Cholmogoroff, Barbour, Jones u. a.) schon zu wiederholten Malen hingewiesen. Während einige die dadurch bedingte Brüchigkeit der Gefäßwände direkt als Ursache der Blutungen anschuldigen, glauben andere wieder, daß der Uterusmuskel nicht imstande sei, die starrwandigen Gefäßlumina zum Verschluß zu bringen.

Pankow tritt auf Grund seiner Untersuchungen auch dieser ätiologischen Deutung entgegen, da er bei blutenden und nichtblutenden Frauen arteriosklerotische Veränderungen der Gefäße in demselben Maßstabe antraf. Daß in der Tat eine Arteriosklerose der Gefäße am weiblichen Genitale häufig zu finden ist und oftmals den Rückbildungsvorgängen der Geschlechtsteile vorausgeht, wurde, wie bereits erwähnt, durch J. Kon und Y. Karaki festgestellt, die diese Veränderungen in einem Alter von 40 bis 50 Jahren in 75% der Fälle nachgewiesen haben. Nach Untersuchungen E. Fränkels beschränkt sich die Gefäßverkalkung vielfach auf die Gefäße der Geschlechtsteile, ohne daß am übrigen Gefäßsystem eine Arteriosklerose nachweisbar wäre. Kann somit an der Häufigkeit dieser Veränderungen in der Zeit der Klimax nicht gezweifelt werden, so ist doch die Meinung über ihre Bedeutung keine einheitliche. Gegenüber Pankow möchte ich jedoch betonen, daß aus dem histologischen Bild allein kein eindeutiger Schluß auf die Kontraktionsfähigkeit der Uterusmuskulatur, die die starren Gefäßwände zum Verschluß bringen muß, gezogen werden kann. Es scheint wohl keinem Zweifel zu unterliegen, daß der in den Wechseljahren zustande kommende Muskelschwund der Gebärmutter und die Arteriosklerose der Uterusgefäße eine Verstärkung der menstruellen Blutung begünstigen können. Dürfen die genannten Veränderungen auch für die Entstehung der Blutungen nicht verantwortlich gemacht werden, so hängt doch nach der Anschauung v. Jaschkes die Hartnäckigkeit dieser Menorrhagien öfter von ihnen ab.

Abnorme Blutfülle der Geschlechtsteile

Auch abnorme Blutfülle des Genitales kann starke und andauernde menorrhagische Blutungen veranlassen. Schon während der normalen Menstruation kommt es bekanntlich zu einer Hyperämie der Geschlechtsteile. Ist diese durch irgendwelche Ursachen in verstärktem Maße vorhanden, so kann es zu pathologisch verstärkten Blutungen kommen. Bei der in der Wechselzeit gegebenen Disposition, die sich aus dem früher Gesagten leicht erklärt, genügen dazu oft ganz geringe Reize. So weist v. Jaschke darauf hin, daß z. B. eine Festlichkeit mit reichlichem Champagnergenuß und üppigem Essen mitunter plötzlich starke Blutungen in den Wechseljahren hervorruft. Auch durch psychische

Erregungen können Blutungen auftreten. Nach Untersuchungen von Weber und Lange veranlassen psychische Reize Blutverschiebungen von der Haut zu den viszeralen Organen, wodurch Blutungen aus dem Genitale begünstigt werden. Besonders disponiert sind dazu nervöse und hysterische Individuen, bei denen besonders die Blutungen stark auftreten und selbst unregelmäßigen Charakter annehmen können. Binswanger schreibt in seinem Buche „Die Hysterie": „Wir begegnen Fällen mit monatelang dauernder Menorrhoe im Anschluß an häufige Gemütsbewegungen, oder an hysterische Paroxysmen, bei welchen eine vasomotorische Störung aus psychisch affektiven Ursachen oder auf Grund pathologischer Verschiebungen der kortikalen Erregbarkeit anzunehmen ist." Walthard glaubt, daß Menstruationsstörungen im Sinne von Menorrhagien dann auftreten, wenn das autonome Nervensystem überwiegt. Wenn auch die Erforschung dieses Gebietes noch nicht abgeschlossen ist, so sind doch die von Walthard betonten Zusammenhänge gerade im Klimakterium, das mit starken Schwankungen der Tonuslage im vegetativen Nervensystem einhergeht, gewiß recht bedeutungsvoll.

Auch sexuelle Erregungen und durch längere Zeit fortgesetzter Coitus interruptus können abnorme Blutfülle des Genitales hervorrufen. Speziell bei gesteigerter Libido, wie sie ab und zu am Beginn der Wechseljahre vorkommt, wird auf diese Umstände Rücksicht genommen werden müssen. Durch Kehrer wurde neuerdings auf diese sexuell bedingten chronischen Hyperämien hingewiesen.

Menorrhagische Blutungen finden sich weiters nicht so selten als Folge allgemeiner Stauung. Gerade im Beginne der Wechselzeit können derartige Zirkulationsstörungen bei Herz-, Nieren- und Lungenerkrankungen zuerst durch Genitalblutungen manifest werden, worauf E. Meyer besonders aufmerksam gemacht hat. Dasselbe gilt von Blutdrucksteigerungen, die ja gerade in dieser Zeit sich häufig finden und die in Verbindung mit einer nicht erheblichen Herzvergrößerung als Anzeichen einer vorhandenen allgemeinen Arterio- oder Präsklerose aufzufassen ist (E. Meyer).

Häufig ist eine passive Hyperämie der Genitalorgane auch auf chronische Obstipation zurückzuführen, die durch Druck auf die abfließenden Venen pathologische Blutfülle im kleinen Becken erzeugen kann. Auch allgemeine Enteroptose wird durch ungenügende Saug- und Pumpwirkung in den abhängigen Gefäßgebieten zu derartigen Folgen Anlaß geben können. Wenn Obstipation und Enteroptose auch oftmals außerhalb des Klimakteriums zur Beobachtung gelangen, so ist doch insbesondere die chronische Stuhlverstopfung ein Leiden, das mit besonderer Hartnäckigkeit in den Wechseljahren auftritt und das in Verbindung mit den übrigen geschilderten Ursachen durch Stauung in den Beckenorganen häufig Menorrhagien veranlaßt. Durch Regelung der Darmtätigkeit gelingt es in derartigen Fällen, Stärke und Dauer der Monatsblutungen günstig zu beeinflussen.

Funktionsstörungen des Eierstocks

Vielleicht die häufigste Quelle pathologischer Blutungen ist im Klimakterium durch Funktionsstörungen des Ovariums gegeben. Ihre Ursache ist in einer Insuffizienz des Eierstocks gelegen, die ja gerade in der Zeit des Erlöschens der Ovarialtätigkeit nicht wundernehmen kann. Sie ist der Hauptsache nach durch Störungen im ovariellen Zyklusablauf charakterisiert, wobei verschiedene Krankheitsbilder zur Beobachtung gelangen.

Häufig ist es ein überstürztes Heranreifen von Follikeln, das nach der Meinung Schröders durch ungenügende Funktion und mangelhafte Hemmungswirkung des gelben Körpers auf die Eireifung zustande kommt. In derartigen Fällen sieht man an den Ovarien eine große Anzahl großer und kleiner Follikel, die teilweise atretisch sind, teilweise aber auch intakte Granulosa mit Ei aufweisen. Unter dem Einfluß der verschiedenen reifen Follikel kommt es zu einer besonders starken Wucherung der Schleimhaut des Endometriums, die früher als Endometritis glandularis hyperplastica bezeichnet wurde, die aber mit einer Entzündung des Endometriums nichts zu tun hat. Die Schleimhaut kann dabei oft ein polypöses Aussehen gewinnen und durch ihre reichliche Vaskularisation eine Verstärkung der menstruellen Blutung bedingen. Adler, der in derartigen Fällen „funktioneller" Blutungen stets ein Fehlen des Corpus luteum nachweisen konnte, glaubt, daß gerade dieser Mangel die auslösende Ursache der Blutung sei. Diese Anschauung, daß derartige Menorrhagien auf das Fehlen des Corpus luteum zurückgeführt werden müssen, ist heute nicht erweisbar. Daß sie jedoch sicherlich hormonal bedingt sind, wird dadurch bewiesen, daß oftmals auch nach Entfernung der hyperplastischen Schleimhaut die Blutung weiter bestehen bleibt. Auch die von Halban und Köhler erhobene Tatsache, daß es nach Exstirpation des gelben Körpers nach zwei bis drei Tagen zu einer menstruationsähnlichen Blutung kommt, wird heute von vielen als Wegfall der formativ aufbauenden hormonalen Reize und nicht als Effekt eines besonderen Reizstoffes des Corpus luteum gedeutet.

Adenomyosis uteri

Noch ein anderes Krankheitsbild gibt es, das sich nach der Auffassung Adlers mittelbar durch eine gesteigerte Hormonwirkung des Eierstocks erklären läßt und das ebenfalls im Klimakterium Anlaß zu menorrhagischen Blutungen gibt, die sogenannte Adenomyosis uteri, deren genaue Kenntnis wir grundlegenden Untersuchungen von R. Meyer, Lahm, Frankl u. a. verdanken.

Gesteigerte hormonale Impulse, die vom Ovarium ausgehen, können es bewirken, daß die Proliferationskraft des Endometriums bis ins Myometrium reicht; anderseits wird es zu dem gleichen Bilde auch dann kommen, wenn die Resistenz der Muskulatur gegen das Einwachsen von Drüsenschläuchen der Korpusschleimhaut eine herabgesetzte ist.

Oft finden wir in diesen Fällen mikroskopisch, die ganze Muskelwand durchsetzend, Schleimhautinseln, aus Drüsen und Stroma bestehend, eingesprengt; häufig auch eine glanduläre Hyperplasie des Endometriums. Palpatorisch ist der Uterus gewöhnlich etwas vergrößert, auffallend derb. Die Erkrankung, die in der Regel Frauen im Alter von 45 bis 55 Jahren befällt, geht mit starken Meno- und Metrorrhagien einher. Während die menorrhagischen Blutungen durch eine Insuffizienz der Uterusmuskulatur bedingt sind, die durch die reichlich vorhandenen Schleimhautinseln auseinandergedrängt sich weniger gut zu kontrahieren vermag, sind die Metrorrhagien nach der Auffassung Adlers auch hier durch ein Fehlen des Corpus luteum bedingt.

Störungen der Ovarialtätigkeit, die in den Wechseljahren Ursache von Blutungen sein können, beruhen nicht so selten auch auf einer Störung im physiologischen Gleichgewicht der übrigen Drüsen innerer Sekretion, sind also sekundäre. Als endokrine Drüse steht ja das Ovarium mit den übrigen innersekretorischen Drüsen in innigem Zusammenhang. Sein allmähliches Ausscheiden im Klimakterium wird deshalb häufig zu Störungen führen, die rückwirkend Funktionsstörungen des Eierstocks bewirken können. Ein besonderes Gewicht ist dabei wohl auf die Schilddrüse zu legen, von der wir wissen, daß ihre Hyper- und Hypofunktion mit starken Uterusblutungen einhergehen kann (Basedow, Metrorrhagia thyreopriva [Kocher]). Gerade in den Wechseljahren, in denen es infolge Ausfallens der Ovarialfunktion häufig zu basedowoiden Symptomenkomplexen kommt, wird derartigen Zusammenhängen gewiß großes Gewicht beizulegen sein.

Dies sind in kurzem die Ursachen der abnorm langen Dauer und der Verstärkung der Regelblutungen. Man sieht, daß es eine ganze Reihe von Umständen gibt, die ätiologisch von Bedeutung sind. Sie sind im Beginne der Wechselzeit derart mannigfaltig und hängen mit den im Klimakterium entstehenden Veränderungen derart innig zusammen, daß mit Recht die Zeit des Wechsels als eine solche gilt, wo die Disposition zum Auftreten verstärkter und verlängerter Regelblutungen besonders besteht.

Es erübrigt noch, auf die Frage einzugehen, wodurch das Tempo des Zyklus geändert wird, wodurch eine Verlängerung oder Verkürzung der intermenstruellen Intervalle zustande kommt. Wie schon erwähnt, hängt das Tempo der zyklischen Blutungen lediglich von der Funktion des Eierstocks, vom Reifen der Follikel, der Eier, von der Bildung und normalen Funktion des Corpus luteum ab. Es kann infolgedessen nicht wundernehmen, wenn im Klimakterium die Steuerung des Tempos der zyklischen Veränderungen von der Norm abweicht. Nach Schröder tritt dann eine Verkürzung der menstruellen Intervalle ein, wenn das reife Eichen frühzeitig abstirbt. Dieses vorzeitige Zugrundegehen des Eies, das stets von Abbauvorgängen im Corpus luteum gefolgt ist, ist ein Zeichen der Insuffizienz der Eizellen und hat, wie schon geschildert, häufig auch zur Folge, daß die Hemmung des Follikelwachstums, die sonst prompt durch das Corpus luteum erfolgt, ausbleibt. Die Vergrößerung der menstruellen Intervalle ist bereits durch einen stärkeren Grad der Ovarialinsuffizienz bedingt und kommt dadurch zustande, daß die Eireifung wesentlich langsamer und zögernder in Gang kommt.

Gerade diese Unregelmäßigkeiten im Tempo des Zyklusablaufes sind es, welche die Beurteilung, ob es sich im Einzelfall um menorrhagische oder metrorrhagische Blutungen handelt, oft sehr erschweren und häufig gänzlich unmöglich machen. Dies ist besonders dann der Fall, wenn es sich um Blutungen handelt, die in wechselnder Intensität lange Zeit hindurch andauern und so den eventuell vorhandenen Zyklus verdecken können.

Abnorme Persistenz des Follikels

Es ist aber hauptsächlich ein Krankheitsbild, daß sich durch starke metrorrhagische ·Blutungen auszeichnet und das auf ovarieller Grundlage beruht. Es ist dies die Follikelpersistenz mit Fehlen des Corpus luteum (Adler) oder die Metropathia haemorrhagica im engeren Sinne (Schröder). Es handelt sich dabei gewöhnlich um Frauen in der Nähe des Klimakteriums; nur selten finden wir jugendliche Individuen, die davon betroffen sind. Nach den Erfahrungen Schröders ist das 16. bis 20. Jahr mit 8 bis 9%, das 20. bis 37. Jahr mit ebensoviel Prozenten vertreten, während es sich in 82 bis 84% der Fälle um Frauen handelt, die sich in den letzten Jahren der Geschlechtsreife befinden und ein Alter von 41 bis 50 Jahren aufweisen. Anamnestisch bilden unregelmäßig auftretende Blutungen das hauptsächlichste Symptom. Häufig geht eine fünf bis acht Wochen dauernde Amenorrhoe den Blutungen voraus, die dann oft mehrere Wochen in schwankender oder gleichbleibender Stärke anhalten. Andere Beschwerden wechseln und bestehen mehr oder minder in den Folgen der oft bedrohlichen Blutarmut. Bei der Untersuchung dieser Frauen fällt in erster Linie häufig hochgradige Anämie auf. Nicht selten sind Hämoglobinwerte von 20 nach Sahli und darunter festzustellen. Der Hämoglobingehalt ist oft wesentlich stärker herabgesetzt, als der Zahl der roten Blutkörperchen entspricht, so daß der von Schröder ausgesprochene Gedanke, es stünden dabei toxische Produkte mit im Spiele, nicht von der Hand zu weisen ist. Die Zahl der weißen Blutkörperchen bewegt sich in normaler Höhe. Mitunter zeigen jedoch die Lymphozyten eine relative Vermehrung. Anatomisch ist diese Krankheit dadurch gekennzeichnet, daß es nicht zum Platzen des reifenden Follikels, nicht zur Ovulation, kommt, sondern daß der Follikel hypertrophiert. Durch immer weiteres Wachstum entstehen an der Oberfläche des Ovariums Blasen, die fast Nußgröße erreichen können. Der Eierstock ist zuweilen als einseitiger, zystischer Tumor tastbar. Infolge Ausbleibens der Ovulation fehlt auch die Corpus-luteum-Bildung völlig. Die erwähnte Hypertrophie und Persistenz des Follikels ruft nun am Uterus typische Erscheinungen im Myo- und Endometrium hervor. Der Uterus wird im ganzen etwas größer, seine Konsistenz ist in der Regel etwas weicher als normal, seine Wandungen sind aufgelockert und blutreich. Die Portio ist plump, der Zervikalkanal leicht geöffnet. Die Schleimhaut der Gebärmutter, auf die der Reiz des weiter wachsenden Follikels übermäßig lange einwirkt, läßt kein normales, eindeutiges Zyklusbild mehr erkennen. Die an derselben sichtbaren Veränderungen sind keine einheitlichen; meist ist die Oberfläche des stark verdickten Endometriums wulstig und unregelmäßig gefeldert, mitunter polypös von kleinen und größeren Zystchen übersät. In anderen Fällen wieder ist die Mukosa zerfranst, blutig imbibiert und fehlt mitunter an einzelnen Stellen direkt, an denen eine nackte, mit Blutgerinnseln bedeckte Wundfläche bloßliegt. Dementsprechend ist auch das mikroskopische Bild ein verschiedenes. Manchmal finden wir eine einfache glanduläre oder glandulärzystische Hyperplasie mit unregelmäßigem Verlauf der zystisch erweiterten Drüsen, in anderen Fällen tritt die Drüsenhyperplasie mehr in den Hintergrund gegenüber der stark ödematösen Auflockerung des Stromas, das dicht mit spindeligen Zellen erfüllt ist. An den blutig imbibierten Stellen ist das Blut in den Venen thrombosiert, das Gewebe in der Umgebung der Thrombosen hämorrhagisch infarziert, mit Fibrin, roten Blutkörperchen und Leukozyten durchsetzt. Dann wieder sieht man Schleimhautpartien, wo ausgedehnter Gewebszerfall klar erkennbar ist, und die Drüsenstümpfe und das Stroma unter Blutgerinnseln nackt und offen zutage liegen.

Die Ursache für die abnorme Persistenz des Follikels ist unbekannt und scheint in innersekretorischen Störungen zu liegen, die rückwirkend zu dieser Funktionsanomalie führen. Ursache der Blutung ist nach der Meinung Adlers das Fehlen der Corpus-luteum-Bildung. Eine Entscheidung darüber wäre allerdings erst dann möglich, wenn es in solchen Fällen gelänge, den Hormongehalt des persistierenden Follikels zu bestimmen. Würde sich ein Fehlen oder eine mangelhafte Bildung des Hormons ergeben, dann wären die bestehenden Blutungen durch diesen Nachweis ohne weiteres erklärt. Wenn aber Hormon in reichlicher Menge nachzuweisen ist, dann müßte an ein Fehlen des Corpus luteum und seiner Reizstoffe als Ursache der Blutungen gedacht werden.

Die Diagnose dieser Erkrankung läßt sich mit Sicherheit nur durch histologische Untersuchung der Schleimhaut stellen, die unbedingt schon aus dem Grunde nötig ist, um eventuelle maligne Veränderungen des Endometriums auszuschließen. Der Palpationsbefund und das klinische Bild sind nicht eindeutig genug, um daraufhin allein die Ursache der Blutung mit Sicherheit zu beurteilen. Prognostisch ist die Erkrankung mit Rücksicht auf die meist bestehende Anämie als ernst aufzufassen, die eine direkte Bedrohung des Lebens darstellen kann. Schröder hat Todesfälle an Verblutung dabei beobachtet.

Blutkrankheiten

Auch Erkrankungen des Blutes (Biermers perniziöse Anämie, leukämische Veränderungen) können, wenn sie während der Wechseljahre auftreten, Meno- und Metrorrhagien bedingen. Sie sind nach

Sänger Folge hämorrhagischer Diathese, die auch an den übrigen Organen häufig zu beobachten ist, und stellen immer sekundäre Erscheinungen dar. Bei schwer anämischen Patientinnen sollte daher auch immer eine genaue Untersuchung des Blutes vorgenommen werden, um derartige Blutungsursachen auszuschließen.

Pathologische Blutungen bei pathologisch verändertem Genitale

Wir haben bisher die Ursache pathologischer Blutungen am Beginne des Wechsels besprochen, welche bei annähernd normalem Genitalbefund auftreten. Von ganz besonderer Intensität und Häufigkeit sind aber pathologische Blutungen während der Übergangsjahre in jenen Fällen, bei denen Veränderungen pathologischer Art am Genitale vorliegen. Auch hier können die Blutungen meno- und metrorrhagischen Charakter aufweisen und unterscheiden sich in der Art ihres Auftretens in nichts von den früher besprochenen Typen.

Das Myom

Besonders ist es das Myom und die Krebserkrankung, die mit Vorliebe in der Zeit der Klimax beobachtet werden und pathologische Blutungen in dieser Zeit verursachen.

Bei Myomen sind nach der Meinung Schröders die menorrhagischen Blutungen durch mangelhafte Kontraktionskraft des Uterus bedingt, was durch die Tatsache begreiflich erscheint, daß die Muskulatur der Gebärmutter, von knolligen Tumoren durchsetzt, sich nur mangelhaft und ungleichmäßig zusammenzuziehen vermag. Dabei kommt es nicht so sehr auf die Größe des Uterustumors als vielmehr auf seinen Sitz an. Bekanntlich werden die Bindegewebs- und Muskelgeschwülste der Gebärmutter, je nach ihrer Ausbreitung in der Wand, in subseröse, intramurale und submuköse Tumoren eingeteilt, wobei wir von subserösen Tumoren dann sprechen, wenn die Geschwülste weit über die Oberfläche des Uterus hinaus wachsen und nur von Serosa bekleidet sind. Die intramuralen oder interstitiellen Myome hingegen bilden sich mitten in der Muskelwand der Gebärmutter und bleiben bei ihrem Wachstum stets von der Muskulatur des Uterus umhüllt. Sie sind es, die je nach ihrem Sitz Form und Gestalt der Gebärmutter ganz erheblich beeinflussen und damit auch die Gestalt der Uterushöhle verändern. Die submukösen Myome schließlich entwickeln sich nach der Schleimhautoberfläche des Uterus zu und buckeln dieselbe gegen die Korpushöhle zu vor, um schließlich bei weiterem Wachstum ganz in die Gebärmutterhöhle hinein „geboren" zu werden. Hier wird die Gestalt der Uterushöhle am stärksten beeinflußt, sie kann ganz abenteuerlich verbuchtet und verzerrt werden und ist ganz unregelmäßig gestaltet. Während nun subseröse Tumoren die Kontraktionsfähigkeit des Uterusmuskels nur wenig beeinflussen und in der Regel keinerlei Anlaß zu menorrhagischen Blutungen geben, ist dies bei intramural sitzenden und submukösen Myomen in ganz besonderer Weise der Fall. Bei Knoten, die in der Muskelsubstanz der Gebärmutter eingebettet sind, kann sich zumindest in der Nachbarschaft des Tumors die Muskulatur, die durch die Geschwulst auseinandergedrängt ist, nicht derart gut zusammenziehen, daß dadurch zur Zeit der Menstruation ein Verschluß der Gefäße mit derselben Promptheit erreicht wird wie bei intakten Organen. Dabei braucht die Geschwulst an und für sich gar nicht groß sein. Auch bei multiplen kleinen, der Palpation leicht entgehenden Tumoren wird sich der Gebärmuttermuskel wesentlich schlechter kontrahieren können. Von nicht zu unterschätzender Bedeutung für die gerade bei Myomen besonders häufig auftretenden Menorrhagien ist ferner noch die meistens vorhandene ödematöse Schwellung des blutreichen Endometriums.

Nach Untersuchungen Frankls sind die Veränderungen der Schleimhaut des myomkranken Uterus rein mechanischer, zirkulatorischer Natur. An Injektionspräparaten wurden von ihm die Gefäßveränderungen des Endometriums studiert und subepitheliale Gefäßramifikationen nachgewiesen, die mit ausgeprägten Stauungserscheinungen in dem Gefäßnetz einhergehen und zu sinusartigen Erweiterungen der Schleimhautgefäße führen. Der hier zutage tretende Blutreichtum der Schleimhaut wird bei der geschilderten mangelhaften Kontraktionskraft intensive Blutungen bedingen.

Besonders schwer wird ein Verschluß der bei der Menstruation blutenden Gefäße in jenen Fällen zustande kommen, wo wir es mit submukös sitzenden, die Schleimhautoberfläche des Korpus vorwölbenden Geschwülsten zu tun haben. Speziell an den Anteilen des Endometriums, die sich über dem in das Kavum hineinragenden Tumor befinden, ist die Kontraktionsfähigkeit der Gebärmutterwand völlig aufgehoben, wodurch menorrhagische Blutungen ihre Erklärung finden. Häufig kommt es aber auch zu unregelmäßigen Blutabgängen, Metrorrhagien, bei submukös sitzenden Myomen. Sie sind dadurch zu erklären, daß der allmählich in das Uteruskavum hineinwachsende Tumor die Schleimhaut des Endometriums vor sich herstülpt, die dadurch immer mehr gedehnt, sich allmählich verdünnt, ganz niedrig und atrophisch werden kann. Auf diese Weise entstehen an der Oberfläche der Mukosa Usuren und eventuell ulzeröse Prozesse, die zu Blutungen führen. Was die Ursache metrorrhagischer Blutungen anlangt, steht gewiß das submuköse Myom an erster Stelle.

Lageveränderungen der Gebärmutter

Als ein Moment, das die Kontraktion des Uterus behindert, muß weiters die Fixation des Organs genannt werden, wie sie durch perimetrische Adhäsionen, die als Residuen einer abgelaufenen Pelveoperitonitis adhaesiva zurückbleiben können, bewirkt werden. Gerade im Klimakterium können derartige Verwachsungen trotz vielleicht schon jahrelangen Bestehens dieser Veränderungen durch Zusammenwirken mit einer Reihe schon geschilderter Umstände, menorrhagische Blutungen begünstigen. In den meisten Fällen sind ja gewiß die verstärkt auftretenden Blutungen nicht durch eine Veränderung allein bedingt, sondern die verschiedensten Ursachen greifen ineinander und führen zu der oft außerordentlichen Hartnäckigkeit der Blutungen in diesem Alter.

Entzündliche Erkrankungen

Bei pathologischen Zuständen des Genitales ist häufig auch die Blutzufuhr und -verteilung in den Beckenorganen verändert. Aktiv ist die Blutfülle, die bei entzündlichen Erkrankungen (Adnexentzündungen, Pelveoperitonitiden usw.) zustande kommt. Sie kann auch im Klimakterium eine Verstärkung der Menstruationsblutung hervorrufen. Stauungen im Bereich des Uterus sind häufig die Folge von Lageveränderungen. Hochgradige Retroflexio uteri, Descensus und Prolaps der Gebärmutter führen nicht so selten zu Zirkulationsstörungen in den Becken- und Uterusgefäßen. Auch große, im kleinen Becken sitzende Tumoren (subseröse Myome, Ovarialgeschwülste) bedingen häufig eine Behinderung des Blutabflusses. Sie alle können auch in den Wechseljahren zu starken Regelblutungen Anlaß geben.

Unregelmäßig auftretende, metrorrhagische Blutungen erfordern ganz besonders in dieser Übergangszeit die volle Aufmerksamkeit des Arztes. Hier ist eine exakte Diagnose der Blutungsursache dringend nötig, um Heilung zu bringen, denn oftmals verbirgt sich hinter ihnen ein schweres organisches Leiden der inneren Geschlechtsteile. In einer Reihe von Fällen wird es schon durch einfache bimanuelle Untersuchung möglich sein, die Quelle der Blutung zu finden, in vielen Fällen ist es aber notwendig, sich durch Dilatation der Zervix das Endometrium zugänglich zu machen, um eine sichere Diagnose stellen zu können.

Der Gebärmutterkrebs

Es ist vor allem das Karzinom des Uterus, das zu Metrorrhagien Anlaß gibt. Gerade die unabhängig von der Menstruation auftretenden unregelmäßigen Blutungen sind es, die nebst einem Fluor die gewöhnlichen Kennzeichen karzinomatöser Erkrankung des Uterus sind. Die Blutungen treten meist spontan auf, sie sind von wechselnder Stärke, setzen zuweilen akut ein und versiegen rasch, mitunter können sie aber auch Wochen hindurch anhalten. Sie kommen dadurch zustande, daß das infiltrierend wachsende neoplastische Gewebe die im Wege liegenden Gefäße arrodiert. Je nach der Größe und Art der durch das rücksichtslose Wachstum eröffneten Gefäße ändert sich Stärke, Dauer und Charakter der Blutung. Geringe Blutungen, dem fast regelmäßig bei dieser Erkrankung vorhandenen Ausflusse beigemengt, bedingen das „fleischwasserähnliche" Aussehen desselben. Die Brüchigkeit des Gewebes und seine leichte Verletzlichkeit erklärt die anamnestisch so oft zu erhebende Angabe, daß Blutungen nach der Kohabitation auftreten.

Wenn auch im vorstehenden unregelmäßige Blutungen als die häufigste Art des Auftretens bei Uteruskarzinomen geschildert wurden, so sind doch anderseits Fälle nicht so selten, bei denen wir völlige Regelmäßigkeit der Blutungen bei schon erheblich fortgeschrittenem Kollumneoplasma beobachten können. Es ist deshalb gänzlich unmöglich, aus der Art, der Stärke und dem zeitlichen Eintreten der Blutung allein auf eine harmlose oder bösartige Ursache zu schließen.

Bei Bestehen eines Vaginal- oder Kollumkarzinoms wird dasselbe durch sorgfältige vaginale Exploration ohne Schwierigkeit nachgewiesen werden können, wobei noch auffällt, daß Blutungen öfters leicht durch gynäkologische Untersuchungen hervorgerufen oder verstärkt werden. Aber auch dann, wenn ein Neoplasma der Scheide oder des Kollums nicht festgestellt werden kann, darf eine karzinomatöse Erkrankung des Uterus keinesfalls ausgeschlossen werden. Karzinome des Gebärmutterkörpers führen ebenso zu unregelmäßigen Blutabgängen. Dabei bleibt die Form des Uterus lange Zeit gänzlich unverändert und kann selbst Zeichen der Atrophie mit Schrumpfung der Muskulatur aufweisen. Es ist deshalb eine genaue Untersuchung des Endometriums, nach vorhergehender Dilatation des Zervikalkanals, Austastung der Gebärmutterhöhle und Curettage der Korpusschleimhaut, die prinzipiell und regelmäßig der mikroskopischen Untersuchung zuzuführen ist, unbedingt nötig. Schon durch die Austastung allein wird es in vielen Fällen gelingen, das flächenhaft wachsende, mitunter harte Knollen bildende, brüchige Geschwulstgewebe zu erkennen, das weite Partien der Korpusschleimhaut einnehmen und schließlich die ganze Gebärmutterhöhle ausfüllen kann. In beginnenden Fällen ist jedoch einzig und allein durch sorgfältige histologische Untersuchung die Möglichkeit gegeben, eine richtige Diagnose zu stellen, und selbst hier ist reichliche Erfahrung notwendig, um die fließenden Übergänge von relativ harmlosen, einfach hyperplastischen Zuständen zur Bösartigkeit zu erkennen.

Die gleichen Symptome unregelmäßig auftretender Blutung können natürlich auch die wesentlich selteneren Sarkome der Portio und der Korpusschleimhaut hervorrufen.

Andere Ursachen der Blutungen

Außer den genannten Leiden gibt es noch eine Reihe anderer Veränderungen des Genitales, durch welche auch in der Wechselzeit metrorrhagische Blutungen hervorgerufen werden können. Mitunter sind es relativ harmlose Erkrankungen, einfache Erosionen der Portio, dekubitale Ulzera bei Prolapsen, Schleimhautpolypen der Zervix usw. Sie sind leicht durch den Palpationsbefund und die Spiegeluntersuchung festzustellen. Aber auch bei Vorhandensein einfacher Erosionen oder Schleimhautpolypen, deren Charakter lieber zu früh als zu spät durch mikroskopische Untersuchung geklärt werden sollte, darf der Arzt nur dann von einer Untersuchung der Gebärmutterhöhle Abstand nehmen, wenn mit Sicherheit nachzuweisen ist, daß die bestehende Blutung hier ihre Quelle hat und nicht doch aus dem Corpus uteri stammt. Es kann ja die eventuell nachgewiesene einfache Erosion nur eine Begleiterscheinung eines anderen, noch nicht diagnostizierten Leidens sein.

Daß auch Myome mitunter zu metrorrhagischen Blutungen Anlaß geben können, wurde bereits erwähnt und dabei hervorgehoben, daß es sich in der Regel um Knoten mit submukösem Sitz, mit mehr oder weniger deutlicher Stielung handelt, die allmählich ins Uteruskavum geboren, dann als myomatöse Polypen anzusprechen sind. Ihr Nachweis ist leicht, wenn der gestielte Tumor bei offen stehendem Zervikalkanal durch den Muttermund tastbar ist. Vor seiner Ausstoßung entzieht er sich aber dem direkten Nachweis, und die Gebärmutter kann, solange der submuköse Polyp in der Korpushöhle liegt, außer einer mehr oder weniger geringgradigen Vergrößerung normale Gestalt aufweisen. In solchen Fällen ist die Diagnose nur nach Austastung der Gebärmutterhöhle zu stellen.

Aber auch Veränderungen der Korpusschleimhaut, die in Form gutartiger adenomatöser Polypen auftreten, können schwere Metrorrhagien erzeugen, doch ist in allen Fällen eine genaue Untersuchung nach ihrer Entfernung geboten. Nie sollte man sich mit der Annahme einer gutartigen Veränderung zufrieden geben, bevor nicht mit Sicherheit auf histologischem Wege das Bestehen einer bösartigen Entartung ausgeschlossen werden kann.

Hiemit glaube ich der Hauptsache nach die Ursachen der häufig am Beginne der Wechseljahre auftretenden Blutungen besprochen zu haben. Man sieht, daß eine ganze Reihe verschiedenster Zustände dieselben veranlassen können. Schon bei normalem Palpationsbefund des Genitales kann die Blutungsursache eine ganz verschiedene sein. Mitunter ist sie relativ harmloser Natur, oft aber auch das erste Anzeichen schwerster Erkrankung. Ganz besonders ist dies bei pathologisch veränderten Tastbefunden der Fall. Aus dieser Überlegung ergibt sich, daß wir Ärzte die strenge Pflicht haben, bei allen derartigen Blutungen mit möglichster Gewissenhaftigkeit, durch exakte Untersuchung die Ätiologie der Blutung zu bestimmen, damit wir nach richtiger Erkenntnis auch eine rationelle Therapie einzuleiten imstande sind.

Die postklimakterischen Blutungen

Bevor wir an Hand der geschilderten Blutungsursachen unser ärztliches Handeln besprechen, möchte ich mit einigen Worten noch der sogenannten postklimakterischen Blutungen gedenken. Wir verstehen darunter Blutabgänge, die nach definitivem Erlöschen der Regeln neuerlich auftreten. Sie sind manchmal schwach, häufig aber auch profus, dauern oft ganz kurz, können sich aber auch durch Wochen in gleichbleibender oder schwankender Stärke hinziehen. Ihnen fehlt jede Regelmäßigkeit, jeder Typus. Meist macht sich eine längere Pause nach Beendigung der Wechselblutungen geltend, oft aber treten sie in unmittelbarem Anschluß an die Klimax auf, so daß eine exakte Trennung in Wechselblutungen und postklimakterische Metrorrhagien sehr schwer, ja unmöglich sein kann.

Ihre Ursachen sind durchwegs pathologischer Natur. Ein Wiederauftreten der Menses nach längerem blutungsfreien Intervall, das mitunter von Frauen als Zeichen wieder erwachter sexueller Vollwertigkeit gedeutet wird, muß auf den Arzt immer alarmierend wirken. Meist

ist es das erste Zeichen maligner Neubildung an Vagina oder Uterus, das sich dadurch kundtut, so daß Blutungen, die neuerlich nach dem Erlöschen der Menstruation auftreten, fast als beweisend für das Bestehen eines Karzinoms angesehen werden können. Aber nicht nur Neoplasmen der Scheide und des Uterus, auch Karzinome der Eierstöcke führen nicht so selten zu Blutungen in der Menopause. In manchen Fällen sind es allerdings auch harmlose Veränderungen, auf die bereits früher hingewiesen wurde, Polypen des Endometriums, submuköse Myome, Erosionen usw., die Blutungen nach Erlöschen der Regel bedingen können. Auch eine Colpitis vetularum oder Colpodystrophia post-climacterica (Flatau), die mit oberflächlichen Defekten des Epithels und kleinen Geschwürchen einhergeht, kann Quelle der Blutungen sein. Krieger führt unter anderem das Platzen variköser Gefäße der Zervix als Ursache postklimakterischer Blutungen an. Ferner gibt es Fälle, in denen ein wochenlang anhaltender, blutig gefärbter Ausfluß bei jenseits des durchschnittlichen klimakterischen Alters stehenden Frauen vorhanden ist, und als dessen Ursache sich eine Stenose des Muttermundes mit ampullenartiger Erweiterung der mit Schleim und geronnenem Blut erfüllten Zervix, eine „zervikale Hämatometra", nachweisen läßt. Die Erweiterung der Stenose durch Dilatation oder Diszission bringt hier definitive Heilung. In seltensten Ausnahmefällen kann auch eine Verletzung durch Kohabitation, wozu ja gerade das Klimakterium und Greisenalter durch Schrumpfung der Vagina disponiert, Ursache postklimakterischer Blutung sein. In manchen Fällen schließlich wird die Blutung gar nicht aus dem Genitale stammen, sondern es kann sich um Blutungen aus der Harnröhre handeln, wie sie durch Prolaps, Erosion und die in diesen Jahren besonders häufigen Carunculae ure-thrales, die öfters besonders kontaktempfindlich sind und leicht bluten, vorkommen.

Die Erkennung der Ursache pathologischer Blutungen in den Wechseljahren

Handelt es sich jedoch um Genitalblutungen, so muß in Anbetracht der Häufigkeit echter Neubildungen als Quelle derselben, die Blutung so lange als karzinomatös bedingte angesehen werden, bis nicht durch gewissenhafte Untersuchung auch des Endometriums und mikro-skopische Diagnostik das Bestehen einer bösartigen Erkrankung mit völliger Sicherheit ausgeschlossen werden kann.

Die Notwendigkeit genauer Untersuchung

Wie haben wir uns nun bei pathologischen Blutungen in den Wechsel-jahren zu verhalten? Die Antwort auf die Frage ist eigentlich schon durch das Gesagte und die Schilderung der verschiedenen Ursachen klimakterischer Blutungen gegeben. Wie wir gesehen haben, verbergen sich gerade hinter Blutungen in der Wechselzeit, gleichgültig, was für einen Typus sie aufweisen, ob es sich um Meno- oder Metrorrhagien handelt, schwere Erkrankungen. Daraus ergibt sich mit unumstößlicher Notwendigkeit die Pflicht des Arztes, in jedem Falle pathologischer Blutungen in den Wechseljahren eine genaue gynäkologische Untersuchung vorzunehmen. Er darf sie auf keinen Fall unterlassen, wenn auch mitunter die Frauen widerstreben und ihr Besserwissen geltend machen wollen. Dabei ist besonders Gewicht darauf zu legen, daß sich eine gewissenhafte Untersuchung nicht lediglich darauf beschränken darf, die Genitalorgane der Patientin abzutasten, sondern derselben soll stets eine eingehende und exakte Anamnese, besonders was die Art der auftretenden Blutungen anlangt, vorausgehen. Des weiteren muß der allgemeine Zustand nebst etwaigen Erkrankungen anderer Organe die nötige Berücksichtigung finden. Daß besonders letzteres im Klimakterium von großer Wichtigkeit sein kann, darauf wurde bei Besprechung der Bedeutung von Herz-, Nieren- und Lungenerkrankungen, Obstipation, Enteroptose usw. für die Entstehung klimakterischer Blutungen hingewiesen. Erst auf Grund genauer Anamnese und objektiver Untersuchung des ganzen Körpers wird es unter Berücksichtigung des gleichzeitig erhobenen Genitalbefundes möglich sein, sich eine Vorstellung von der Ätiologie der bestehenden Blutungen zu machen. Können bei vaginalem Tastbefund und eventueller Spiegeluntersuchung annähernd normale Verhältnisse nachgewiesen werden, so ist, wenn die Blutung aus dem Uteruskavum stammt, unser weiteres Vorgehen durchaus von der Art der bestehenden Blutungen abhängig. Haben wir es mit Blutungen zu tun, die ohne weiteres mit Sicherheit als menstruelle erkennbar, in regelmäßigen, wenn auch verlängerten Intervallen auftreten und nur bezüglich ihrer Dauer und Stärke Abweichungen von der Norm zeigen, so kann die gynäkologische Untersuchung nach genau erhobenem Palpationsbefund ihren Abschluß finden und eine symptomatische Therapie der zu starken Regelblutungen eingeleitet werden. In allen übrigen Fällen aber, in denen die Blutungen nicht mit Sicherheit als menstruelle angesprochen werden können, ist es, wie aus dem früher Gesagten hervorgeht, unbedingt nötig, sich auch bei normalem Palpationsbefund über die Beschaffenheit der Uterushöhle und des Endometriums Aufschluß zu verschaffen, um so über die Ursache der Blutungen Klarheit zu gewinnen. Dazu dient die Austastung des Uteruskavums und die Abrasio mucosae.

Die diagnostische Aufschließung und Austastung der Gebärmutter

Beide Maßnahmen stellen diagnostisch operative Eingriffe dar, die selbstverständlich unter strengster Wahrung der Asepsis nur mit den nötigen Hilfsmitteln in Narkose durchgeführt werden dürfen. Für beide Eingriffe ist eine Erweiterung des Halskanals unbedingt erforderlich. Sie hat bei der Austastung eine ausgiebigere zu sein, um das Eindringen mit dem Finger in die Uterushöhle möglich zu machen. Sie wird am zweckmäßigsten und schonendsten durch Einführung eines Laminariastiftes in die Zervix vorgenommen, der durch seine Quellung eine langsame Erweiterung des Halskanals hervorruft. Wichtig ist es, absolut sicher keimfreie Quellstifte zu verwenden, die in der Längsrichtung durchbohrt sein sollen, um einen festen Faden durch sie zum Herausziehen durchleiten zu können. Die Keimfreimachung der Stifte erfolgt am besten durch längeres Kochen, nachträgliche Entwässerung in steigendem Alkohol und Sterilisation in sterilen Glasröhrchen im Trockensterilisator. Gebrauchsfertig werden sterile Quellstifte in zugeschmolzenen Glasröhrchen in alkoholischer Karbollösung von verschiedenen Firmen in den Handel gebracht.

Der Stift wird nach gründlicher Säuberung der Scheide und der Portio unter streng aseptischen Kautelen eingeführt. Die Portio wird im Spekulum eingestellt und mit einer Kugelzange fixiert. Darauf sondiert man den Uterus, um sich über den Verlauf des Halskanals zu orientieren. Bei engem Zervixkanal ist öfters eine Dehnung desselben durch dünne Metalldilatatoren nötig, bevor der Quellstift in die Zervix eingeführt wird. Es ist bei seiner Einführung darauf zu achten, daß er den äußeren und inneren Muttermund überragt, damit der ganze Halskanal eine Dehnung erfährt. Eine lockere Scheidentamponade fixiert den Stift, der 12 bis 24 Stunden liegend, allmählich quillt und die Zervix erweitert. Während dieser Zeit ist absolute Bettruhe unbedingt ratsam. Vor leichtsinniger ambulanter Behandlung muß dringend gewarnt werden, da durch Hinzutreten einer Infektion sich gefährliche Zustände entwickeln können. Es darf deshalb auch der Stift nie länger als 24 Stunden in der Zervix belassen werden, da sonst auftretende Sekretzersetzungen eine Infektion hervorrufen. Ist die Erweiterung noch nicht in genügendem Maße erfolgt, so kann dies durch neuerliches Einlegen eines dickeren Stiftes oder durch Metalldilatatoren leicht erreicht werden.

Eine wesentlich raschere Dehnung der Zervix erzielt man durch Einführung der Hegarschen Metalldilatatoren von langsam steigendem Kaliber. Die in wenigen Minuten zu erzielende Erweiterung ist aber eine brüske und kann bei rigider Zervix leicht zu weitgehenden Zerreißungen führen. Sie eignen sich daher lediglich zur Vornahme der Abrasio, bei der keine derartige weitgehende Dilatation wie bei der Austastung nötig ist.

Die Austastung des Uteruskavums mit dem Finger, durch den sich Vorbauchungen der Uteruswand durch submukös sich entwickelnde Myome, kleine Neoplasmen usw. wesentlich sicherer erkennen lassen als durch die Probeausschabung, ist der alleinigen Curettage unbedingt vorzuziehen. Sie muß unter strenger Wahrung der Asepsis an der narkotisierten Frau durchgeführt werden und geschieht derart, daß wir Zeigeoder Mittelfinger durch die jetzt offene Zervix in die Gebärmutterhöhle einführen. Die äußere Hand stülpt dabei von der Bauchdecke her den Gebärmutterkörper über den eingeführten inneren Finger, der, die Gebärmutterhöhle austastend, sich hier über eventuell vorhandene Anomalien orientiert. Lassen sich pathologische Veränderungen schon durch den Tastbefund nachweisen, so ist nach der Untersuchung der dafür nötige Eingriff am besten gleich anzuschließen. Aber auch dann, wenn die Austastung ein negatives Resultat ergibt, empfiehlt sich meist eine Curettage der Korpusschleimhaut. Einerseits sichern wir auf diese Weise durch histologische Untersuchung unsere Diagnose, anderseits kann die Abrasio durch stimulierende Wirkung auf die Genitalorgane unregelmäßig auftretende Blutungen beheben und auf längere Zeit wieder einen regelmäßigen Menstruationstypus hervorrufen. Nach Untersuchungen von Fuss, Busse u. a. ist aber gerade im Klimakterium von einer Heilwirkung durch Curettage nicht allzuviel zu erwarten, da in fast 70% der Fälle die Blutung völlig einer derartigen Lokalbehandlung trotzt.

Die Ausschabung der Gebärmutter

Die Abrasio erfolgt gleichfalls an der narkotisierten Frau, wobei nach Dilatation der Zervix darauf zu achten ist, daß die eingeführte scharfe Curette vorsichtig bis zum Uterusfundus geführt wird und durch exakte, vom Fundus zervixwärts gerichtete Curettenzüge die ganze Schleimhaut zirkulär entfernt wird, was sich nach ihrer Abschabung durch das Gleiten des Instrumentes an der härteren Muskelwand leicht fühlen und mitunter auch als schabendes Geräusch hören läßt. Die entfernten Schleimhautgeschabsel werden zur histologischen Untersuchung gesammelt und am besten gleich in Formol oder Alkohol fixiert. Nach der Curettage ist es zweckmäßig, das Uteruskavum mit einem in Jodtinktur getauchten Wattestäbchen auszuwischen. Eine Tamponade der Uterushöhle ist jedoch nur bei starken Blutungen notwendig. Daß strengste Asepsis unbedingte Voraussetzung ist, um schwere Infektionen zu vermeiden, wurde erwähnt. Es sollte deshalb der Eingriff niemals in der Sprechstunde des Arztes, nach der sich die Patientin wieder nach Hause begibt, vorgenommen werden. Nach der Curettage ist unbedingt von der Patientin durch vier bis fünf Tage Bettruhe zu beobachten.

Die Hauptgefahr der Dilatation und Ausschabung der Gebärmutterschleimhaut ist die Perforation des Uterus, die bei morscher und weicher Uteruswand ohne größere Gewalteinwirkung erfolgen kann. Meist ist aber weniger die Beschaffenheit der Organs schuld an der gesetzten Verletzung als vielmehr Fehler in der Ausführung der Operation. Vor allem kann es leicht zur Durchstoßung der Gebärmutter kommen, wenn die Metalldilatatoren brüsk und unter starker Kraftanwendung in den Halskanal eingeführt werden, oder wenn die Curette gewaltsam durch die noch enge Zervix durchgezwängt wird und ruckartig den inneren Muttermund passiert. Auch bei nicht entsprechend diagnostizierter Uteruslage können durch falsches und gewaltsames Einführen der Instrumente leicht Perforationen der vorderen oder hinteren Uteruswand zustande kommen. Zur Verhütung instrumenteller Uterusverletzungen ist es sehr empfehlenswert, die Länge der Uterushöhle, welche man mit der Sonde festgestellt hat, nach dem Vorschlag von Chrobak mittels eines kleinen Gummiringes, den man sich von einem Drainrohr abschneidet, an dem zu verwendenden Instrument (Curette, Hegarsche

Stifte) zu markieren. Von ausschlaggebender Bedeutung ist in allen derartigen Fällen eine sofortige Diagnose der stattgefundenen Durchbohrung der Gebärmutter, von der die Gefahr des Ereignisses und das weitere Schicksal der Patientin wesentlich abhängt. Ist die Perforation durch abnorm tiefes Eindringen des Instrumentes erkannt, so muß selbstverständlich die Curette sofort vorsichtig entfernt werden. Jede weitere Ausschabung hat unbedingt zu unterbleiben. Unser weiteres Vorgehen, die Frage, ob eine konservative Therapie eingeschlagen werden kann, oder ob die Verletzung durch Laparotomie zu versorgen oder der Uterus zu exstirpieren sein wird, ist lediglich vom Umfang der Verletzung und dem Keimgehalt des Uterusinhaltes abhängig. Bei vorsichtiger und exakter Ausführung des operativen Eingriffes an der narkotisierten Frau werden aber solche schwerwiegende Komplikationen zu vermeiden oder doch wenigstens auf ein Minimum zurückgeführt werden können.

Eine absolute Kontraindikation gegen Austastung und Curettage ist, wie bekannt, durch alle frisch entzündlichen Prozesse der Gebärmutteranhänge und des Beckenbindegewebes gegeben.

Die Therapie der pathologischen Blutungen in den Wechseljahren
Konservative Maßnahmen

Haben wir durch Austasten und Abrasio uns davon überzeugt, daß keinerlei pathologische Veränderungen am Genitale vorliegen, so kann bei bestehenden Blutungen auch in den Wechseljahren eine konservative Therapie versucht werden. Die bekannten, dabei in Anwendung zu bringenden Maßnahmen bezwecken einerseits eine Herabsetzung der Blutzufuhr zu den Beckenorganen, anderseits sind es kontraktionsanregende Mittel, die wir zur kräftigen Zusammenziehung der Uterusmuskulatur verabfolgen. Schließlich ist noch in einer Reihe von Fällen durch Organpräparate oder Mittel, die die Gerinnungsfähigkeit des Blutes steigern, ein Erfolg zu erzielen.

Die Herabsetzung der Blutzufuhr zu den Beckenorganen stellt bei der Behandlung von unkomplizierten Blutungen eine der wichtigsten Maßnahmen dar. Sie wird in erster Linie dadurch erstrebt, daß wir während der Blutung Bettruhe verordnen. Schon auf diese Weise wird es in vielen Fällen gelingen, sowohl Stärke als auch Dauer der Blutung abzuschwächen, während ohne dieselbe auch die übrigen Mittel häufig versagen. Die Bettruhe bewirkt dabei nicht nur durch die eingenommene Rückenlage eine Herabsetzung der Blutzufuhr zu den Beckenorganen, sondern wirkt auch bei nervösen Individuen dadurch günstig, daß so psychisch bedingte hyperämische Zustände (Weber) der Genitalorgane eher vermieden werden.

Bei Herzerkrankungen werden Herzmittel eine Hebung des Kreislaufes und damit eine Abschwächung der Blutungen bewirken. Ist Obstipation die Ursache, so wird durch salinische Abführmittel diesem Übelstand abgeholfen werden müssen. Bei allgemeiner Blutdrucksteigerung kann eventuell auch ein kleiner Aderlaß, den Aschner neuerdings recht empfiehlt, Erfolg bringen. Durch Enteroptose bedingter Hyperämie ist durch Tragen eines Stützmieders abzuhelfen. Auch außerhalb der Blutungszeit wird man trachten müssen, durch allgemein-hygienische Maßnahmen und Regelung der Lebensweise Zirkulation und Stoffwechsel günstig zu beeinflussen.

Steht die mangelhafte Kontraktionsfähigkeit des Uterus im Vordergrund, so sind kontraktionsanregende Mittel zu verordnen. Die bekanntesten sind die verschiedenen Mutterkornpräparate. Nach pharmakologischen Untersuchungen handelt es sich beim Mutterkorn um ein kompliziertes Gemisch verschiedener Gifte, von denen das Ergotoxin und Ergotamin die wichtigsten sind. Nach Untersuchungen von Guggisberg entstehen die verschiedenen Substanzen erst durch Abbau bei längerer Aufbewahrung der Droge und nehmen allmählich an Wirksamkeit ab, so daß innerhalb eines Jahres nur mehr etwa ein Siebentel bis ein Achtel der ursprünglichen Wirkungsstärke vorhanden ist. Die große Unsicherheit bei Anwendung der Droge hat zu einer Reihe von Dauerpräparaten geführt, die aus dem Mutterkorn hergestellt werden und von denen das Ergotin, Secoin, Secalysat, Gynergen (0,05% weinsaures Ergotamin) zu nennen wären. Auch synthetisch hergestellte Sekalepräparate wurden versucht (Tyramin, Tenosin). Sie alle greifen peripher am Uterus an und bringen die Muskulatur zu kräftiger Kontraktion.

Außer den genannten Präparaten gibt es noch eine Reihe anderer Drogen, die Kontraktionen des Uterus bewirken, vor allem das Hirtentäschelkraut (Capsela bursae pastoris), aus dem das Styptisat, Styptural und Siccostypt hergestellt werden.

Das bekannte Hydrastin aus Hydrastis canadensis ruft neben der peripher erregenden Wirkung auf den Uterus noch eine allgemeine Gefäßkontraktion hervor und begünstigt dadurch die Blutstillung. Eine ähnliche Wirkung kommt auch dem Cotarnin, seinem Hydrochlorid, Stypticin und seinem phtalsauren Salz Styptol zu. Es wird aus dem Opiumalkaloid Narkotin durch Spaltung gewonnen. Außer diesen pharmazeutischen Präparaten kennen wir noch andere Mittel, die kontraktionsanregend auf den Uterus wirken. Während bestehender Blutungen sind es hauptsächlich heiße vaginale Spülungen (45 bis 50° C), die im Liegen gemacht werden sollen und durch den Reiz der Wärme erregend auf die Uterusmuskulatur wirken. Bei schwersten Blutungen kommt schließlich noch eine feste Tamponade der Vagina mit Jodoformgaze in Betracht. Auch sie bringt den Uterus zu kräftigen Kontraktionen und kann bewirken, daß die Blutung nicht bloß augenblicklich, sondern zuweilen auch völlig zum Stillstand kommt. Infolge der bald einsetzenden Zersetzung des blutigen Sekretes der Jodoformgazestreifen soll die Tamponade aber nie länger als zwölf Stunden liegen und wegen der damit verbundenen Infektionsgefahr nur in schwersten Fällen Anwendung finden. Recht gut hat sich uns bei abundanten Blutungen in den Wechseljahren eine Tamponade mit der von H. H. Meyer und P. Albrecht angegebenen Stryphnongaze bewährt, die gut blutstillend wirkt.

Auch Organpräparate gehören zu dem therapeutischen Rüstzeug, das wir heute bei Uterusblutungen anwenden. Vor allem sind es Präparate aus dem Hinterlappen der Hypophyse, die eine Tonussteigerung der Uterusmuskulatur hervorrufen und den Uterus zur kräftigen Kontraktion bringen. Auch Ovarialpräparate werden vielfach mit Erfolg zum Ersatz der Ovarialhypofunktion gegeben. Vor allem ist ein Versuch mit Corpus-luteum-Präparaten gerechtfertigt, da nach Adlers Meinung gerade die fehlende Corpus-luteum-Bildung es ist, die in vielen Fällen die starke Blutung hervorruft. Auch eine Reihe anderer Extrakte, aus Drüsen mit innerer Sekretion hergestellt, wurden mit Erfolg versucht. Köhler, Esch, Zondeck u. a. sind aber der Meinung, daß das wirksame Agens aller dieser Glandole, Optone und Extrakte unspezifischer Natur sei und höchstwahrscheinlich Eiweißabbauprodukte dafür verantwortlich gemacht werden müssen.

Gute Erfolge sehen wir zuweilen auch durch Verabfolgung von Kalk, Serum und Gelatine, die alle die Gerinnungsfähigkeit des Blutes erhöhen.

Kommen wir mit den geschilderten Maßnahmen nicht oder nicht dauernd zum Ziel, was im Klimakterium häufig wegen der zunehmenden Ermattung der Eierstockfunktion und der daraus resultierenden Rückbildungsvorgänge am übrigen Genitale, die zu klimakterischer Muskelschwäche des Uterus führen, der Fall ist, so müssen wir radikalere Methoden zur Stillung der bestehenden Blutungen in Anwendung bringen, um den die Frauen schwer schädigenden Zustand dauernd zu beseitigen und ihre Arbeits- und Leistungsfähigkeit wiederherzustellen.

Röntgen- und Radiumbestrahlung

Während wir früher zur Erreichung dieses Zieles gezwungen waren, den Uterus zu entfernen, haben wir seit der grundlegenden Entdeckung der Wirkung der Röntgenstrahlen auf die Keimdrüsen in der Strahlentherapie ein ausgezeichnetes Mittel, derartige Blutungen sicher und dauernd zum Stillstand zu bringen. Bekanntlich gehört das Ovarium zu den gegenüber Röntgenstrahlen empfindlichsten Geweben, und es gelingt schon durch eine geringe Strahlendosis, die Funktionen aller Ovarialzellen, einschließlich der weniger empfindlichen Primordialfollikel, auszuschalten. Wir erreichen also durch Bestrahlung das gleiche in kürzester Zeit, was auf natürliche Art und Weise in den Wechseljahren geschieht. Wir heben durch die Bestrahlung die Funktion des Ovariums auf, die darin besteht, Eier zur Reifung und Befruchtungsfähigkeit zu bringen.

Die Klimax kann auf zweierlei Art und Weise durch Bestrahlung herbeigeführt werden, einmal durch Bestrahlung in einer Sitzung, wobei die Volldosis (zirka 36% der Hauteinheitsdosis) gegeben wird, die allein genügt, um die Ovarialfunktion auszuschalten, dann aber auch durch Bestrahlungen in Teilsitzungen mit Anwendung geringerer Dosen in drei- bis vierwöchigen Intervallen.

Während bei Verabreichung einer Voll- oder Ovarialdosis die Überführung der Patientin in das Klimakterium brüsk, in kurzem Zeitraum durchgeführt wird, erreichen wir dasselbe Ziel bei Verabfolgung von kleineren Dosen in Teilsitzungen langsamer und eher dem physiologischen Verlauf bei natürlichem Klimakterium gleichkommend. Allerdings kann im Anschluß an die ersten Serien der Bestrahlung häufig ein verstärktes Auftreten von Blutungen beobachtet werden, das jedoch nur selten bedrohliche Formen annimmt. Bei hochgradig anämischen Patientinnen ist es aber immer möglich, die Gefahr weiterer Blutungen durch eine intrakorporeale Radiumeinlage hintanzuhalten. Sie wurde von Flatau, der einen Verblutungstod im Anschluß an eine Kastrationsbestrahlung bei einer hochgradig anämischen Frau erlebte, besonders empfohlen. Die intrakorporeale Radiumeinlage bewirkt neben der Beeinflussung des Ovarialgewebes durch die Radiumstrahlen eine Verschorfung des Endometriums und dadurch einen Blutungsstillstand, so daß es stets in diesen Fällen gelingt, fast sofort ein Aufhören der Blutung zu erzielen.

So haben wir in der Strahlenbehandlung der unkomplizierten Blutungen, die in den Wechseljahren auftreten, eine einfache und segensreiche Methode, die immer von Erfolg begleitet ist und gegen die sich heute wohl kein berechtigter Einwand mehr erheben läßt.

Lassen sich jedoch pathologische Veränderungen als Quelle der Blutungen durch das im vorstehenden geschilderte Untersuchungsverfahren nachweisen, so ist das dabei gefundene Leiden kausal nach den für die einzelnen Erkrankungen geltenden Regeln zu behandeln, und niemals darf die Zeit durch die geschilderten, in diesen Fällen meist völlig unnützen Behandlungsmethoden verzettelt werden.

2. Der Einfluß der Wechselzeit auf pathologische Zustände der Geschlechtsteile

Von hohem Interesse und großer praktischer Bedeutung ist die Kenntnis des Einflusses der Wechselzeit auf pathologische Zustände der Genitalorgane. Gewisse Erkrankungen können durch die klimakterisch bedingten Veränderungen der Geschlechtsteile direkt zustande kommen, oder, wenn sie schon bestehen, sich bedeutend verschlechtern, bei anderen wieder ist durch ihr besonders in dieser Zeit gehäuftes Auftreten ein Zusammenhang mit - dem Klimakterium wahrscheinlich. Schließlich gibt es solche, die mit Eintritt des Wechsels sich zurückbilden und, sobald die Wechselzeit abgelaufen ist, zur Heilung oder zu völliger Beschwerdefreiheit gelangen können. Bei Besprechung pathologischer Blutungen in den Wechseljahren wurde bereits auf eine Reihe derartiger Krankheiten eingegangen, doch scheint es mir von Wichtigkeit, sie im Zusammenhange zu erörtern.

Es handelt sich um pathologische Zustände, die am gesamten Genitale zur Beobachtung gelangen. Äußere Scham, Scheide, Gebärmutter und Eierstöcke können von ihnen betroffen sein.

Die äußere Scham

Pruritus vulvae

An der äußeren Scham ist es insbesondere ein quälender Juckreiz, der häufig in diesen Jahren auftritt und der als Pruritus vulvae oder Vulvitis pruriginosa bekannt ist.

Der Ausdruck Pruritus besagt lediglich, daß eine abnorme Juckempfindung bei der Patientin besteht; er bezeichnet also nur ein Symptom. Seit langem wissen wir, daß die Ätiologie dieser Erkrankung keine einheitliche ist und daß sie durch verschiedenste Ursachen hervorgerufen werden kann. Im allgemeinen werden zwei verschiedene Pruritusformen unterschieden: die symptomatische und essentielle. Labhardt will noch eine dritte Form, den ovariogenen Pruritus mit Leukoplakie, als gesonderte Gruppe abgetrennt wissen.

Unter symptomatischem Pruritus verstehen wir alle jene Arten, bei denen das Jucken eine Begleiterscheinung örtlicher oder allgemeiner Erkrankungen darstellt. Ätiologisch kommt vor allem der Diabetes in Betracht. Hier werden nach der heute wohl allgemein gültigen Auffassung von Veit durch das häufige Benetzen der Genitalien mit zuckerhaltigem Urin Gärungs- und Zersetzungsprozesse an der äußeren Scham veranlaßt, die ein chronisches Ekzem der Vulva hervorrufen, als dessen Folge der Juckreiz auftritt. Auch Cholämie kann Pruritus bedingen, der allerdings hier nicht streng lokal auf das Genitale beschränkt ist, sondern allgemein sich äußert.

Wenn derartige Allgemeinerkrankungen natürlich auch in den Wechseljahren Pruritus hervorrufen können, so sind es im Klimakterium doch besonders Entzündungen der äußeren Scham, die Vulvitis in ihren akuten und chronischen Formen, die zu quälendem Juckreiz führen. Der in den Wechseljahren bei vielen Frauen entstehende Fettreichtum, der ein Verdunsten des Schweißes verhindert, bedingt eine Mazeration der Haut in den Schenkelbeugen und am äußeren Genitale und führt zu Intertrigo und Vulvitis. Nicht so selten besteht auch in diesen Jahren ein vermehrter Ausfluß, der, häufig durch Rückbildungsvorgänge an der Scheide und Kolpitiden veranlaßt, bei den Frauen Entzündungen und Pruritus erzeugt.

Nach der Meinung Labhardts ist aber gerade in den Wechseljahren die häufigste Ursache des Pruritus durch Funktionsstörungen des Ovars gegeben. Man sieht in diesen Jahren nicht so selten Frauen, die weder an Diabetes noch sonst an einer Allgemeinerkrankung leiden, auch keinerlei Vulvitis der gewöhnlichen Art am Genitale erkennen lassen und trotzdem von heftigstem Juckreiz gequält sind. An der äußeren Scham sind in diesen Fällen mehr oder weniger ausgedehnte Hautpartien zu sehen, die bläulichgrauweiß verfärbt, eine trockene und rissige Beschaffenheit aufweisen. Manchmal sind es nur die Interlabialfalten oder die Gegend oberhalb der Klitoris, die davon betroffen sind, mitunter aber erstreckt sich diese eigentümliche Veränderung auch bis an den Damm und läßt Schuppen, Borken und Hyperkeratosen erkennen.

Histologisch ist das Epithel verdickt, die Papillen sind verlängert, das Stratum germinativum ist gewuchert. Die subepitheliale Bindegewebsschicht ist rundzellig infiltriert und leicht ödematös aufgequollen. Diese Veränderungen, die dem bekannten Bild der Leukoplakie entsprechen, gehen regelmäßig mit starkem Jucken einher und sind derart typisch, daß aus ihnen allein ohne weiteres die Diagnose Pruritus gestellt werden kann. Nach Labhardts Auffassung ist diese Leukoplakie der Haut primär und das Juckgefühl durch Beteiligung der sensiblen Nervenendigungen an den tiefgreifenden Veränderungen der Kutis und Subkutis hervorgerufen. Da die Erkrankung regelmäßig Frauen in der präklimakterischen oder klimakterischen Zeit befällt, liegt der Gedanke nahe, daß sie durch das Erlöschen der Ovarialtätigkeit veranlaßt wird, eine Ansicht, die neben Labhardt auch schon Beigel und Dalché ausgesprochen haben.

Schließlich kommen gerade in den Wechseljahren nicht so selten Fälle von Pruritus vor, die, abgesehen von sekundären Kratzeffekten, Rhagaden und Exkoriationen, keinerlei Hautveränderungen am äußeren Genitale erkennen lassen und als essentieller Pruritus bezeichnet werden. Schon Scanzoni hat auf die nervöse Entstehung des Pruritus hingewiesen, eine Auffassung, die insbesondere auch von Olshausen geteilt wurde, während anderseits Veit und Seligmann das Bestehen eines essentiellen Pruritus bestreiten. Daß es tatsächlich einen rein nervösen Pruritus gibt, der mit besonderer Häufigkeit in der klimakterischen Periode auftritt, steht heute wohl fest. Schuberths therapeutische Erfolge mit epiduralen Injektionen legten eine Einwirkung auf die Wurzeln des Nervus pudendus nahe, desgleichen Heilungen, die Tavel durch Resektion des Nerven erzielen konnte. Walthardt betont nachdrücklich, daß der Pruritus oft nur das Symptom einer Psychoneurose ist, eine Ansicht, die durch seine guten Resultate mit der Psychotherapie gestützt wird.

Wie erwähnt, ist das Gemeinsame aller Formen des Pruritus der an der äußeren Scham auftretende, oft unerträgliche Juckreiz. Diese Juckempfindung dauert meistens nicht an, sondern tritt anfallsweise, besonders nachts durch die Bettwärme auf und wird auch bei längerem Gehen durch Berührung der Kleider, nach Harnentleerung oder durch geschlechtliche Erregungen hervorgerufen. Oftmals ist dieser Juckreiz so stark, daß die davon betroffenen Frauen dadurch hochgradig gepeinigt, fast völlig des Schlafes entbehren. Ja manchmal ist diese Empfindung derart quälend, daß sogar Gedanken an ein Suizidium geäußert werden. Mitunter wird auch über intensive Schmerzen in Form einer Neuralgie geklagt. Meist ist die ganze äußere Scham von dieser quälenden Empfindung betroffen, zuweilen sind es aber auch zirkumskripte Punkte, von denen der Juckreiz ausgeht und die sich genau lokalisieren lassen (Fritsch).

Die Therapie des Pruritus. Die Therapie richtet sich in erster Linie nach dem Grundleiden. Die Ursache des abnormen Juckreizes muß zuerst klargestellt werden, damit wir eine rationelle Therapie einleiten können. Bei jedem Pruritus ist sofort auf Diabetes mellitus zu untersuchen. Durch eventuellen Zuckernachweis im Harn wird diese nicht so seltene Ursache des Pruritus sofort aufgedeckt. Eine entsprechende interne Therapie nebst einer noch zu erörternden lokalen Behandlung des äußeren Genitales wird baldige Besserung bringen. Ist vermehrter Fluor durch Katarrhe der Scheide und Zervix, Senkungen oder auch Klaffen der Vulva Ursache des Leidens, so ist diese vorerst zu behandeln. Oxyuren oder Phthirii pubis, die auch Pruritus veranlassen können, müssen beseitigt werden.

Die lokale Behandlung der äußeren Scham hat vor allem darauf zu sehen, daß auf die Anwendung von Wasser bei Pruritus vollständig verzichtet wird. Die meisten Frauen kühlen ihren Pruritus, indem sie Wasser darauf bringen. Nach den Erfahrungen unserer Klinik hat dies zwar augenblicklichen Erfolg, verschlechtert aber das Leiden bedeutend, da die fettlose, an Talgdrüsen arme Haut Wasser absolut nicht verträgt. Wasseranwendung ist deshalb unter allen Umständen nach Möglichkeit zu unterlassen. Um eine Benetzung der Haut mit Urin, Schweiß oder Vaginalsekret hintanzuhalten, wird eine indifferente Salbe oder ein Liniment, dem zweckmäßig etwas Menthol (Strassmann) zugesetzt werden kann, weil dieses das Gefühl der Kühlung hervorruft, verordnet. Auch Karbol in Form eines 3- bis 5%igen Karbollinimentes tut recht gute Dienste, da es die Empfindlichkeit der Haut bedeutend abstumpft. Salbe oder Liniment wird auf Leinwand gestrichen und dann sorgfältig in alle Nischen und Buchten der Vulva gebracht. Von öfterer Reinigung der Scham und Anwendung desinfizierender Waschungen mit Karbolwasser, das von einer Reihe von Gynäkologen empfohlen wird, möchten wir nach unseren Erfahrungen abraten. Bloß ein einmaliges tägliches Abwaschen des Genitales mit Seife ist zu gestatten, um Zersetzungsprozesse der aufgelegten Salbe oder des angewandten Linimentes zu vermeiden. Nach dieser Reinigung ist ein Abtupfen der juckenden Stellen mit 1%igem Salizylspiritus und Einpudern mit Talcum venetum, das recht kühlt, zweckmäßig, worauf neuerlich das verordnete Liniment aufgelegt werden soll.

Während die Behandlung dieser durch allgemeine und lokale Erkrankungen bedingten Puritusformen in der Regel eine recht einfache ist, so ist der Erfolg unserer Therapie schon bei dem ovariogenen Pruritus, der mit Leukoplakie einhergeht, ein wesentlich unsicherer und erfordert oft besondere Ausdauern und Geduld von seiten des Arztes und der Patientin. Babes und Buia haben mit Extrakten von Corpus luteum gute Erfolge erzielt, und auch Labhardt ist mit der Verordnung von Ovarialpräparaten in derartigen Fällen recht zufrieden. Daneben ist auf eine rationelle, eiweißarme Ernährung und reichliche Gemüsezufuhr Gewicht zu legen. Alkohol, Kaffee, Tee werden besser vermieden und man versuche die Widerstandskraft durch eine Arsenkur — Tinctura arsenicalis Fowleri — zu heben. Reichliche Bewegung und kühle Bäder sind gleichfalls zu empfehlen. In einzelnen Fällen kann schließlich auch durch Röntgenbestrahlung der Vulva ein Erfolg erzielt werden.

Manchmal ist jedoch mit konservativen Maßnahmen keine dauernde Heilung zu erreichen. Dann ist eine chirurgische Therapie mit Exzision der veränderten Hautstellen angezeigt, die noch mit Rücksicht auf den Umstand zu empfehlen ist, daß sich nicht so selten — in zirka 10 bis 15% — aus der Leukoplakie ein Karzinom der Vulva entwickelt. v. Franqué und H. R. Schmidt sahen Fälle, aus denen die engen Beziehungen zwischen Leukoplakie und Karzinom klar hervorgehen.

Von ganz besonderer Hartnäckigkeit ist der neuro- und psychogene Pruritus, der gleichfalls häufig Frauen in der Wechselzeit befällt. Bei den psychogen entstehenden Formen ist die Psychotherapie am Platz, die in vorsichtiger und sachkundiger Weise ausgeübt, nach den Erfahrungen Walthardts Heilung zu bringen vermag.

Bei neurogenem Pruritus ist eine symptomatische Behandlung zu empfehlen. Hier ist gleichfalls die Anwendung von Wasser, das die fettarme Haut nicht verträgt, strikte zu vermeiden. Hier kommen wir aber mit indifferenten Salben meist nicht aus. Stärkere, 5- bis 8%ige Karbollinimente sind nötig, um die quälenden Beschwerden zu mildern. Auch Teerpräparate in Form des Oleum rusci werden mit Erfolg angewandt. Nach Schauta tut Diachylonsalbe oft gute Dienste. Schließlich wären Ichthyol, Mesothan und Salen zu nennen, die gleichfalls in Form von Salben oder Linimenten lokale Anwendung finden. Von guter Wirkung sind in schweren Fällen auch Ätzungen der juckenden Partien mit 10%iger Höllensteinlösung, die Olshausen besonders rühmt. Auch 20%ige Formalinlösung kann mitunter wirksam sein. In einer Reihe von Fällen ist man jedoch gezwungen, durch zeitweises Auflegen anästhesierender Salben (Kokain, Anästhesin) den gequälten Frauen zum mindesten nachtsüber Linderung und Schlaf zu verschaffen. Leider kommen wir auch des öfteren ohne Narkotika und Schlafmittel nicht aus. Fritsch empfiehlt Bromkali in hohen Dosen bis 8 g pro Tag. Vor längerer Anwendung von Alkaloiden muß aber wegen der Gefahr der Gewöhnung recht eindringlich gewarnt werden.

Ein großes Gewicht möchte ich auch in diesen neurogen bedingten Fällen auf sachgemäße Ernährung und diätetische Behandlung legen. Ihre Art ist schon bei Besprechung der Physiologie der Wechseljahre erörtert worden. Auf strenge Einhaltung der gegebenen Vorschriften ist gewissenhaft zu achten. Von nicht zu unterschätzender Bedeutung ist ferner die Sorge für regelmäßige Stuhlentleerung. Manchmal wird dadurch allein schon eine wesentliche Linderung der Beschwerden erzielt werden können.

Erreichen wir durch die geschilderten Maßnahmen keinen oder keinen dauerden Erfolg, so kommt eine Röntgenbestrahlung der juckenden Partien in Betracht. Sie wird mit weichen, durch 3 mm Aluminium gefilterten Strahlen vorgenommen und zirka ein Drittel der Hauteinheitsdosis verabreicht. Die Bestrahlungen erfolgen in Serien mit drei- bis vierwöchigen Pausen. Oft sieht man selbst in hartnäckigen Fällen schon nach der zweiten Bestrahlung eine deutliche Besserung des Leidens auftreten.

Sind es nur kleine, scharf umschriebene Punkte, von denen der Juckreiz ausgeht, so ist es möglich, eine Verschorfung dieser Stellen mit dem Thermokauter vorzunehmen. Doch wird dieses Verfahren, genau so wie die operative Entfernung der pruriginös erkrankten Stellen heute fast nicht mehr geübt, da manchmal der Juckreiz nach der Operation von neuem in der Narbe auftritt. Wie erwähnt, hat Schuberth durch epidurale Injektionen in den Nervus pudendus, Tavel durch Resektion des Nerven Erfolge gesehen.

Die Kraurosis vulvae

Eine andere, wenngleich seltene, aber hauptsächlich im klimakterischen oder präklimakterischen Alter auftretende Erkrankung der äußeren Scham ist die Kraurosis vulvae. Sie wurde erstmalig von Breisky im Jahre 1885 beschrieben und zeichnet sich durch Schrumpfung sämtlicher Gebilde des äußeren Genitales aus. Sie ist durch eine eigentümliche Veränderung der Haut gekennzeichnet, die pergamentartig trocken, auffallend weiß, manchmal mehr rosa oder leicht bläulich, glanzlos und rissig ist. Die großen Schamlippen sind hauptsächlich in ihrem hinteren Anteil geschrumpft, flach, die Haare meist gänzlich fehlend; die kleinen Labien sind oft völlig geschwunden oder nur mehr als kleine Hautleisten vorhanden, die Klitoris zu einem kaum sichtbaren knopfförmigen Gebilde umgewandelt, das Präputium gänzlich atrophisch. Der Scheideneingang ist in ausgesprochenen Fällen stark verengt als länglicher Spalt nachweisbar, in dem die normal aussehende vordere Scheidenschleimhaut sichtbar ist. Die äußere Harnröhrenmündung ist meist weit geöffnet. An der matten, pigmentlosen Haut, die stellenweise von ektatischen Venen durchzogen ist, finden sich als sekundäre Veränderungen vielfache Ulzerationen und Fissuren als Folge von Kratzeffekten.

Histologisch erkennt man eine Atrophie des Rete Malpighi, das schmal nur aus wenigen Zellreihen besteht. Die Hornschicht ist mitunter verdickt, zuweilen aber auch verdünnt. Die Papillen fehlen ganz oder sind niedrig, der Papillarkörper narbig. Die subepitheliale Schicht ist narbig geschrumpft; in ihr finden sich reichlich Rundzelleninfiltrate und Plasmazellen (Gardlund). Vor allem ist im mikroskopischen Bild ein Schwund der elastischen Fasern auffallend; dazu kommt ein meist völliges Fehlen des Pigmentes, wodurch makroskopisch die weißliche Färbung der Haut ihre Erklärung findet. Das subkutane Fettgewebe, alle Talg- und Schweißdrüsen sind in ausgesprochenen Fällen geschwunden. Die beschriebenen Veränderungen lassen auch im histologischen Bild ganz zweifellos die Verschiedenheit des Befundes von dem bei Leukoplakie erkennen, mit der die Erkrankung öfters verwechselt wird. Während bei der Leukoplakie hauptsächlich das Epithel betroffen ist, stehen bei der Kraurosis Bindegewebsveränderungen im Vordergrund. Damit steht auch im Einklang, daß Karzinomentwicklung auf der Basis einer Kraurosis im Gegensatz zur Leukoplakie recht selten vorzukommen pflegt, wenn auch bei dieser Erkrankung über gleichzeitiges Karzinom schon berichtet wurde (Trespe, Rosenfeld, Gördes, Bucura, H. R. Schmidt u. a.).

Die Ansichten über die Ätiologie der Kraurosis sind heute noch recht geteilt. Eine große Anzahl von Autoren ist der Meinung, daß die Kraurosis Folge langdauernder Reizzustände am äußeren Genitale sei (Veit, Frankl). Dafür sprächen Fälle, die sich im Anschluß an chronische Vulvitis und jahrelang bestehenden Pruritus entwickeln. Auch Gonorrhoe und Syphilis wurden als ätiologischer Faktor bezichtigt (Orthmann, Janowsky), oft aber auch abgelehnt (Rille, Rosenfeld). Seligmann glaubt Ausfall der Ovarialfunktion und innersekretorische Störungen dafür verantwortlich machen zu sollen, was durch die Bevorzugung des klimakterischen Alters wahrscheinlich gemacht wird. Immerhin gibt es eine Anzahl von Fällen, die jüngere Individuen mit regelmäßiger Menstruation betreffen (Jung). Gardlund betont den Zusammenhang dieser Erkrankung mit einer funktionellen Neurose.

Die Klagen der Patientinnen beziehen sich neben oft starkem Juckreiz auf ein Gefühl der Spannung an den äußeren Genitalien, das namentlich beim Sitzen recht lästig werden kann. Oft ist es eine Erschwerung des Koitus infolge Stenosierung des Scheideneingangs, die die Frauen erstmalig zum Arzt führt.

Die Therapie der Kraurosis. Die Aussicht auf völlige Heilung dieser Erkrankung ist, wie aus der Schilderung der dabei zustande kommenden Veränderungen hervorgeht, eine schlechte. Durch örtliche Maßnahmen, die insbesondere Gardlund empfiehlt, gelingt es wohl öfter, den Juckreiz zum Schwinden und die sekundären Rhagaden und Risse zur Ausheilung zu bringen. Die Atrophie der Haut bleibt aber bestehen. Die lokal anwendbaren Mittel sind die gleichen, die bei Pruritus empfohlen werden, insbesondere sind Einreibungen mit Oleum rusci oder Mesothan zu gleichen Teilen mit Oleum olivarum zuweilen erfolgreich. Auch Röntgenbestrahlungen sind öfters wirksam. Sie werden ebenso wie beim Pruritus in Serien mit drei- bis vierwöchigen Pausen durchgeführt, nur gelangen mit Rücksicht auf die erstrebte größere Tiefenwirkung stärkere Dosen bis ¾ der Hauteinheitsdosis zur Anwendung. Mathes, der die Erkrankung als Angioneurose ansieht, empfiehlt strahlenförmige Verbrennungen der erkrankten Partien mit dem Thermokauter, die bis in die gesunde Haut reichen, und will dadurch gute Erfolge erzielt haben. Häufig erweist sich jedoch als letztes Hilfmittel eine chirurgische Behandlung des Leidens mit völliger Exzision der erkrankten Hautstellen als nötig, doch haben auch Teilexzisionen schon zur Heilung geführt.

Pathologische Zustände an der äußeren Harnröhrenmündung

In den Wechseljahren kommen weiters häufig Veränderungen an der äußeren Harnröhrenmündung vor, die oftmals Anlaß zu Klagen und Beschwerden seitens der Frauen geben. Sie sind durch die in dieser Zeit beginnende Atrophie des äußeren Genitales bedingt. Durch seine Schrumpfung wird die Harnröhrenmündung nach rückwärts verzogen, erweitert und auseinandergedrängt. So ist es erklärlich, daß im Klimakterium sich so häufig ein teilweiser Vorfall der Harnröhrenschleimhaut ausbildet. Die leichte Vulnerabilität der vorgefallenen Schleimhaut führt nicht so selten zu Erosionen daselbst, die neben starkem Brennen nach jeder Urinentleerung auch ein quälendes Gefühl fortwährenden Harndranges zu erzeugen vermögen und zu leichten Blutungen aus den kleinen Geschwürchen Anlaß geben können. Mitunter kommt es auch zur Hypertrophie der ständigen Reizen ausgesetzten prolabierten Mukosa, die dann in unregelmäßig polypösen Zotten aus der Urethralmündung hervorquillt. Denselben Ursachen ist auch das Auftreten kleiner, bis erbsengroßer Granulationsgeschwülstchen zuzuschreiben, die meist an der hinteren Harnröhrenmündung sitzen und als Carunculae urethrales bekannt sind. Im histologischen Bild erweisen sie sich als einfache Granulome oder papilläre Angiome. Sie sind besonders empfindlich und schmerzhaft und veranlassen häufig leichte Kontaktblutungen und unangenehmen Harndrang.

Derartige Veränderungen können in der Regel ziemlich einfach beseitigt werden. Bei Prolaps geringen Grades, der mit kleinen Geschwürchen einhergeht, genügt meist eine Ätzung oder Kauterisation der erodierten Stelle, um die Beschwerden zu beseitigen. Bei größerem Vorfall rät Israel multiple radiäre Inzisionen mit dem Thermokauter. Bei polypöser Wucherung der prolabierten Schleimhaut, die sich durch ihre Weichheit leicht von karzinomatösen Veränderungen unterscheidet, ist aber eine Exzision der ganzen prolabierten und zottig veränderten Partie zu empfehlen. In wenigen Fällen kann dazu nach dem Vorschlag Kleinwächters eine vorausgehende Spaltung der Urethra nötig sein, meist aber kann man ohne diese auslangen. Die vorgefallene Schleimhaut wird herausgeschnitten und der Defekt durch Plastik, analog wie wir sie bei hinterer Kolporrhaphie gewöhnlich ausführen, ersetzt. Carunculae urethrales sind meist leicht durch einfachen Scherenschlag mit nachfolgender Naht der Schnittstelle zu beseitigen.

Erkrankungen der Scheide

Der Scheidenfluß in den Wechseljahren

Sehr häufig klagen Frauen in den Wechseljahren über vermehrten Ausfluß, der meistens vielfache Beschwerden veranlaßt. In manchen Fällen wird er nur an der beschmutzten Wäsche erkannt, recht oft aber führt stärkerer Fluor auch zur Mazeration der Haut in der Gegend des Introitus und verursacht in seiner Umgebung das Gefühl des Wundseins, das bei längerem Gehen intensiv auftritt und auch bei der Kohabitation zu Schmerzen führt, die deshalb ängstlich vermieden wird. Besonders aber nach der Urinentleerung macht sich ein unangenehmes und schmerzhaftes Brennen geltend, was zu der weitverbreiteten Ansicht Anlaß gibt, daß der Harn eine abnorme „Schärfe" und ätzende Wirkung habe. In anderen Fällen wieder führen leichte Blutbeimengungen die dadurch geängstigten Frauen zum Arzt.

Die Ursache vermehrten Ausflusses ist meist in Veränderungen der Scheide zu suchen. Schon im Beginn der Wechselzeit kann die physiologischerweise auftretende Hyperämie durch vermehrte Transsudation eine Vermehrung des Sekretes verursachen; besonders aber sind es die durch Erlöschen der Eierstocktätigkeit hervorgerufenen Rückbildungsvorgänge, die zur Absonderung einer dünnflüssigen, hellgrau gefärbten Flüssigkeit führen, deren Menge oft so groß ist, daß die Haut der Vulva und der Schenkelbeugen durch die ständige Befeuchtung mazeriert wird, so daß das bekannte Bild eines intertriginösen Ekzems entsteht.

Die Colpitis postclimacterica

Wie schon erwähnt, kennzeichnet sich die Veränderung der Scheide nach Erlöschen der Eierstocktätigkeit dadurch, daß die Columnae rugarum schwinden, die Scheidenwände glatt werden und die Schleimhaut eine auffallend fleckige Färbung annimmt, die bald in einen eigenartig gelbroten Ton übergeht. Das Vaginalrohr schrumpft und wird weniger elastisch, die Scheidengewölbe flachen sich ab und sind oft fast völlig geschwunden. An der Schleimhaut sind schon makroskopisch kleine Epitheldefekte erkennbar, die als blutrot tingierte Pünktchen in der Regel leicht sichtbar sind. Wesentlich deutlicher lassen sich aber diese kleinsten Geschwürchen, die auch die blutige Verfärbung des ausgeschiedenen Sekretes hervorrufen (Vaginitis haemorrhagica [Fritsch]), nach Verabreichung des von Menge zur Behandlung der Kolpitis empfohlenen Lapisbades erkennen, unter dessen Einwirkung sie weißlich verfärbt noch deutlicher zur Wahrnehmung gelangen. Diese oft recht ausgedehnten Epithelläsionen führen zu zarten Verklebungen der sich berührenden Scheidenwände. Sie können sich mit der Zeit zu mehr oder weniger derben Verwachsungen umwandeln, wodurch das Scheidenlumen stenosiert wird und Stauungen des vom Uteruskorpus oder der Zervix gelieferten Sekretes zustande kommen; die Sekretstauung führt dann zu weiterer Epitheldesquamation im Bereiche der Scheidengewölbe, zur Erosionsbildung am äußeren Muttermund. Bei völliger Verlegung des Scheidenlumens kann sich sogar auf diesem Wege eine Myxo- oder Pyometra entwickeln.

Den geschilderten Veränderungen entspricht auch das mikroskopische Bild. Die das Scheidenrohr auskleidende Epithelschicht wird niedriger, die Muskulatur schwindet und wird von fibrösem, im allgemeinen zellarmem Bindegewebe ersetzt, in dem nur spärliche Gefäße verlaufen. Die elastischen Fasern nehmen im allgemeinen zu, sind aber nicht mehr so innig miteinander durchflochten wie in früheren Jahren (Favarger), die normal besonders subepithelial ausgebildete Elastikalage ist größtenteils geschwunden. In dem derben, straffen Bindegewebe finden sich hie und da, besonders um die Gefäße angeordnete Rundzelleninfiltrate und Anhäufungen von Plasmazellen. Die oberflächliche Plattenepithelschicht ist im allgemeinen dünn, die Zellen vielfach etwas gequollen. Außerdem ist das Epithel an einzelnen Stellen von der Unterlage durch kleine Hämorrhagien aus den brüchigen arteriosklerotisch veränderten Gefäßchen abgehoben, an anderen Stellen fehlt es gänzlich. Dann liegt das straffe Bindegewebe bloß, das chronisch entzündliche Veränderungen geringen Grades aufweist. Meist schiebt sich dann von den Rändern das Epithel regeneratorisch über die fibröse Unterlage.

Wenn auch feststeht, daß die geschilderten anatomischen Veränderungen, die dem bekannten Bild der Colpitis senilis entsprechen, durch das Aufhören der Eierstocktätigkeit im Klimakterium bedingt sind, so ist doch die Ursache des dabei zustande kommenden vermehrten Ausflusses heute noch nicht völlig geklärt und vielfach ein noch umstrittenes Gebiet. Von den meisten Autoren wird der vermehrte Fluor als Entzündungsfolge aufgefaßt. Diese Entzündungen kommen nach ihrer Meinung dadurch zustande, daß die dünne Epitheldecke der atrophischen Scheidenschleimhaut bakteriellen und bakteriotoxischen Einflüssen gegenüber weniger resistent ist. Ihre Stütze findet diese Anschauung in der Tatsache, daß im Klimakterium die normalerweise in der Scheide der gesunden geschlechtsreifen Frau sich findenden Vaginalbazillen in ihrer Menge zurücktreten, während Kokkenformen und andere Bakterien eine reichliche Zunahme aufweisen. Diese Abnahme der Vaginalbazillen wird von allen Autoren heute darauf zurückgeführt, daß die atrophische Schleimhaut durch ihren mangelnden Glykogengehalt ungünstigere Daseinsbedingungen für die Vaginalbazillen schafft, wodurch auch eine Verminderung des Säuregehaltes des Scheidensekretes begründet ist. Seine schwach saure, manchmal auch alkalische Reaktion begünstigt ihrerseits wieder das Auftreten säureempfindlicher Kokken und Darmbakterien, denen bei mangelhaftem Abschluß des Introitus reichlich Gelegenheit zur Invasion gegeben ist.

Eine andere Erklärung gibt Menge, wenn er die Möglichkeit ins Auge faßt, daß die dünne, atrophische Scheidenwand durch Stoffwechselstörungen, die durch den Ausfall der Ovarialtätigkeit zustande kommen, durchlässiger wird, wodurch mehr Transsudat aus der nicht sezernierenden, aber filtrierenden Scheidenwand ausgeschieden wird. Durch systematische Zufuhr von Kalzium, das ja bekanntlich nach der Anschauung mancher eine Dichtung der Grenzmembranen hervorruft, konnte er tatsächlich ausgezeichnete Erfolge erzielen, wodurch seine Ansicht von der erhöhten Durchlässigkeit der Scheidenwand für den Gewebssaft wesentlich gestützt wird. Besondere Bedeutung gewinnt diese Erklärung Menges noch dadurch, daß während der Wechseljahre eine Senkung des Blutkalziumspiegels oft nachzuweisen ist (Adler, Malamud, Th. et P. Mazzoco u. a.).

Flatau und Herzog schließlich sind auf Grund ihrer Untersuchungen der Ansicht, daß die Colpitis senilis weder klinisch noch pathologisch-anatomisch mit Entzündung etwas zu tun habe und daß der „bakterioskopische Reinheitsgrad" der Scheide keine Rolle bei der Erklärung des Fluors spiele. Sie lehnen deshalb auch die Bezeichnung Kolpitis für diese Veränderungen als mißverständlich ab und sprechen von einer Colpodystrophia postclimacterica desquamativa. Sie sind der Meinung, daß konstitutionelle Faktoren diese Veränderungen bedingen, wie das auch bei Ekzemen der Haut der Fall ist, mit denen die geschilderten Veränderungen der Scheide nahe Verwandtschaft zeigen. In fast allen Einzelheiten entspricht das pathologisch-anatomische Bild dem Altersekzem der Haut.

Die Diagnose dieses meist chronischen und nicht selten rezidivierenden Leidens ist leicht durch Spiegeluntersuchung zu stellen, durch die auch der ab und zu blutige Ausfluß durch den Nachweis der vielfachen Epitheldefekte seine Erklärung findet.

Die Therapie des Kolpitis. Therapeutisch sind Spülungen mit adstringierenden Mitteln, worunter in erster Linie roher Holzessig (1 bis 2 Eßlöffel auf 1 l warmen Wassers) zu nennen wäre, zu empfehlen. Von ausgezeichneter Wirkung ist in fast allen Fällen eine Pinselung der ganzen Scheidenschleimhaut mit Tinctura jodi. Der Erfolg tritt meist prompt und anhaltend auf. Menge rät Scheidenbäder mit 2%iger Höllensteinlösung und, wie erwähnt, Kalziumzufuhr. Von der Einverleibung lebender Milchsäurebazillen (Bazillosan), die Löser bei Kolpitis empfiehlt, ist bei der Vaginitis vetularum im allgemeinen nicht viel zu erwarten. Diese Therapie hat hier keine nennenswerten Erfolge aufzuweisen. Flatau erzielte durch Pastenbehandlung gute Resultate. Sie wird in der Art durchgeführt, daß Lassarsche Paste auf die Fingerbeere gebracht, mit dem Finger gründlich und gleichmäßig in die Scheide hineingerieben und einmassiert wird. Er betont, daß dadurch die Kranke sofort das lästigste Symptom, den Ausfluß, verliert, und daß auch das Epithel der Scheide widerstandsfähiger wird.

Eine andere Quelle verstärkten Ausflusses ist auch im Klimakterium durch Erkrankungen der Zervix gegeben. Entzündungen des Halskanales können auch in dieser Zeit eine Verstärkung des normalerweise gebildeten Sekretes veranlassen. Der dabei zu beobachtende Fluor ist in der Regel ein schleimiger oder schleimig eitriger. Ein in den Wechseljahren häufiges Klaffen der Vulva und Senkungen der Scheidenwände erleichtern das Eindringen und Aufsteigen von Keimen, wodurch derartig chronische Entzündungen der Zervix zustande kommen können. Daß auch Zervikalpolypen und drüsenreiche Erosionen eine Steigerung der Schleimsekretion hervorrufen, ist selbstverständlich. Das Sekret wird in derartigen Fällen öfters leicht blutig oder bräunlich verfärbt sein.

A. Mayer hat in den letzten Jahren die Ansicht ausgesprochen, daß vermehrter Ausfluß auch psychogen bedingt sein kann. Wenn auch die Möglichkeit psychogener Ursachen bei der Entstehung manchen Fluors zugegeben werden muß, so liegen doch keinerlei Beobachtungen darüber vor, ob dieses Moment auch in den Wechseljahren in besonderer Häufigkeit in Betracht kommt.

Erkrankungen der Gebärmutter

Der in den Wechseljahren auftretenden Lageveränderungen der Gebärmutter wurde bereits bei Besprechung der physiologischerweise in dieser Epoche auftretenden Rückbildungsvorgänge an den Geschlechtsteilen Erwähnung getan. Es wurde gezeigt, wie durch die in diesen Jahren auftretende Schrumpfung sämtlicher Bandapparate und des parametranen Bindegewebes die atrophische Gebärmutter im postklimakterischen Alter ihre typische Lage ändert und meist in Streckstellung anzutreffen ist. Die früher bestandene leichte Anteflexion des Uterus ist aufgehoben, er ist zurückgesunken in mäßiger Retroversion. Während diese Abweichung von der „Grundstellung" an sich allein keine Beschwerden verursacht, so ist doch anderseits eine durch sie bedingte andere Lageanomalie, der Vorfall der Genitalien, in diesen Jahren ein häufiges Vorkommnis. Das Auftreten von Senkungen ist allerdings auch in früherer Zeit nicht selten und durch Schädigungen des Beckenbodens nach häufigen Entbindungen hervorgerufen, doch können Deszensus und Prolaps der Scheide und Gebärmutter in dieser Epoche auch bei bis dahin intakter Lage der Geschlechtsteile in Erscheinung treten oder, wenn sie schon bestehen, sich im Klimakterium stark verschlechtern.

Lageveränderungen

Bekanntlich wird die normale Lage der Genitalorgane durch gutes Funktionieren des Haftapparates der Gebärmutter einerseits und anderseits durch muskelkräftigen Abschluß der Bauchhöhle durch die Beckenbodenmuskulatur gewährleistet. Eine genaue Beschreibung des Haftapparates, jener faszienartigen Gewebszüge, die nach der seitlichen, vorderen und hinteren Beckenwand ausstrahlend die Zervix dicht umhüllen, verdanken wir E. Martin, der sie als Retinaculum uteri bezeichnet. Durch Untersuchungen von Halban und Tandler sind wir über den architektonischen Aufbau des muskulären Beckenbodens, das Diaphragma pelvis, genauer unterrichtet. Beide Vorrichtungen, die Ligamenta mit allen Verdichtungszonen des Beckenbindegewebes (Haftapparat) und die gesamte Beckenbodenmuskulatur (Stützapparat), sind als funktionell zusammengehöriges Ganzes zu betrachten (v. Jaschke), das der Erhaltung der normalen Lage der Geschlechtsteile dient. Eine Schädigung der einen oder der anderen Gewebspartie wird dazu führen, daß die Beckenorgane dem abdominalen Druck nicht standzuhalten vermögen, und eine Senkung oder ein Prolaps sich entwickelt.

Wie nun schon mehrfach erwähnt, kommt es in den Wechseljahren neben der durch den Ausfall der Eierstocktätigkeit bedingten Atrophie des Uterus und seiner Anhänge auch zur Rückbildung des gesamten Bandapparates, die auch bei der Untersuchung daran kennbar ist, daß sich das Becken, wie Fränkel sich bezeichnend ausdrückt, leer anfühlt. Besonders auffallend ist es in manchen Fällen, wie tief sich das vordere Scheidengewölbe eindrücken läßt, wie nachgiebig und atrophisch die Fascia vesicovaginalis geworden ist. Diese Atrophie des gesamten Haftapparates bedingt nun die erwähnte Retroversionsstellung der Gebärmutter. Bei der so veränderten Lage des Uterus dringt der Darm in das Cavum vesicouterinum, das normalerweise darmfrei ist, ein. Kommt

nun erhöhter abdominaler Druck durch Anstrengung der Bauchpresse
zur Wirkung, so wird dieser jetzt lediglich vom Uterusfundus her einwirken, da sich der Druck von vorn und von dem gleichfalls mit Därmen
angefüllten Cavum rectouterinum die Waage halten. Der zurückgesunkene,
in der Längsachse der Vagina liegende Uterus wird in den Bereich des
Hiatus genitalis nach abwärts gedrängt, es entsteht selbst dann eine
Senkung, wenn der Beckenboden noch funktionstüchtig ist. Seit langem
gilt deshalb die Retroversion als das Vorstadium des Prolapses, worauf
schon B. S. Schulze eindringlich hingewiesen hat. Bei defektem Beckenboden ist ein Vorfall des Uterus, der die Scheidenwände mit sich herab-
zieht, nicht aufzuhalten.

Noch ungünstiger liegen die Verhältnisse für die Blase und die
vordere Scheidenwand bei mangelhafter Funktion des Haftapparates.
Sie liegen schon immer im Bereich des Hiatus genitalis und werden nur
durch das bindegewebige Septum vesicovaginale im Verein mit dem
Diaphragma urogenitale in ihrer Lage gehalten. Durch Atrophie dieser
bindegewebigen Stütze, die sich, wie erwähnt, im Klimakterium so
häufig findet, muß es besonders dann, wenn auch das Diaphragma geschädigt ist, zum Vorfall der vorderen Scheidenwand und der Blase,
zur Zystozelenbildung kommen. Gerade diese Form der Prolapse ist
es, die mit besonderer Häufigkeit in den Wechseljahren zur Beobachtung
gelangt.

Fehlt oder ist die wirksame Stütze des Beckenbodens durch voraus-
gegangene Geburten geschädigt, so entwickelt sich schon im geschlechtsreifen Alter durch abdominalen Druck eine Senkung der Beckenorgane,
die sich im Klimakterium durch Schwächung des Bandapparates in der
Regel vergrößert. Aber auch die in diesen Jahren einsetzende Atrophie
der muskulären Anteile des Diaphragma pelvis allein kann Senkungen
und Prolapse des inneren Genitales bedingen.

Wie groß die Disposition zur Ausbildung eines Vorfalles der inneren
Geschlechtsteile in den Wechseljahren ist, beweisen allerdings seltene
Fälle, wo es selbst bei Frauen, die niemals geboren haben, unter plötzlicher
stärkerer Anspannung der Bauchpresse, z. B. nach Heben einer Last,
zu weitgehendem, mitunter totalem Prolaps der Scheide und des Uterus,
bei in jeder anderen Hinsicht völlig intakten Genitalien gekommen
ist (Börner).

Auf die in weiten Grenzen schwankenden allgemeinen Beschwerden,
die durch Senkungen der Gebärmutter oder der Scheidenwände hervorgerufen werden, einzugehen, ist im Rahmen dieser Besprechungen wohl
nicht nötig. Jedoch möchte ich jene Symptome kurz anführen, die besonders in den Wechseljahren von Wichtigkeit sind. Neben dem bekannten
anhaltenden Gefühl der Schwere und des Drängens nach unten sind es
besonders Schmerzen im Kreuz und Unterbauch, die bei bestehendem
Deszensus auftreten. Auch bei geringem Vorfall und Senkungen der
Scheidenwände allein kann es infolge mangelhaften Verschlusses der
Vulva zur Aszension von Keimen und dadurch bedingter Kolpitis und
Zervizitis mit lästigem und reichlichem Ausfluß kommen.

Bei Prolaps höheren Grades wird die vorgefallene Scheidenwand trocken, lederartig und rissig, sie nimmt die Beschaffenheit der äußeren Haut an. Durch dauernde Schädigungen derselben (Scheuern an den Kleidern und Oberschenkeln) entwickeln sich Mazerationen, Entzündungen und Ulzera, die als Dekubitalgeschwüre aufzufassen sind und Blutungen verursachen können. Bei besonderer Größe und Zerklüftung kann der Gedanke an Karzinomentwicklung naheliegen, weshalb bei irgendwelchen Verdachtsmomenten durch Probeexzision die mikroskopische Untersuchung zur Sicherung der Diagnose dringend angezeigt ist.

Als eines der häufigsten Frühsymptome bei der gerade im Klimakterium so häufig zu beobachtenden Senkung der vorderen Scheidenwand mit Ausbildung einer Zystozele sind Beschwerden bei der Harnentleerung zu nennen. Die unter dem Niveau der äußeren Harnröhrenmündung liegende herabgesunkene Blasenwand macht eine völlige Entleerung der Blase unmöglich, als deren Folge sich bald erneuter Harndrang einstellt, der durch Zersetzungsprozesse des Restharnes mit konsekutiver Zystitis noch gesteigert werden kann. Schließlich beobachten wir nicht selten eine relative Harninkontinenz. Sie kommt durch Dehnung der äußeren Harnröhrenmündung, die sich durch Zug des Zystozelensackes zwanglos erklärt, zustande. Bei stärkerer Anstrengung der Bauchpresse, beim Husten, Lachen, Niesen, verliert die Patientin regelmäßig Urin. Auch dadurch wird das Auftreten einer Zystitis begünstigt und der Circulus vitiosus geschlossen.

Schließlich wurde schon bei Besprechung pathologischer Blutungen in den Wechseljahren erwähnt, daß Senkungen und Vorfall der Genitalorgane auch zur Verstärkung der Regelblutung im Beginn der Wechselzeit führen können, was durch Stauung in den prolabierten Teilen leicht erklärlich ist.

Die Therapie des Vorfalles in den Wechseljahren. Auch bezüglich der Therapie des Vorfalles im Klimakterium ist auf einige wichtige Punkte aufmerksam zu machen. Bekanntlich kommen für die Behandlung der Senkungen der Beckenorgane zwei Verfahren in Frage, das konservative und operative. Beide bezwecken eine dauernde Sicherung der reponierten vorgefallenen Teile in normaler Lage.

Die konservative Therapie besteht in der Pessarbehandlung, wobei ring-, teller- und schalenförmige Pessare aus Hartgummi oder Zelluloid zur Anwendung gelangen. Hat diese Behandlungsart schon im geschlechtsreifen Alter gewisse Nachteile, die nach Möglichkeit ein operatives Vorgehen wünschenswert erscheinen lassen, so sind im Klimakterium die unangenehmen Begleiterscheinungen meist besonders groß. Dazu kommt weiters noch, daß in einer Reihe von Fällen die Pessarbehandlung gänzlich ungeeignet, überhaupt nicht anwendbar ist.

Schon im geschlechtsreifen Alter ist ein häufig zu beobachtender Nachteil dieser symptomatischen Behandlung ein lästiger, mitunter intensiver Fluor, der durch den Fremdkörperreiz auf die Scheidenschleimhaut zustande kommt. Er tritt in den Wechseljahren ungleich häufiger und stärker auf, da die Epithelschicht der atrophisch werdenden Schleimhaut leicht abgescheuert wird und oberflächliche Ulzera entstehen. Schon nach kurzer Zeit macht sich ein eitriger Fluor bemerkbar, der besonders bei Anwendung der von Schatz angegebenen Schüsselpessare durch Sekretretention leicht jauchigen Charakter annehmen kann.

Die Notwendigkeit, das Pessar derart groß zu wählen, daß es nach Reposition der vorgefallenen Teile die Scheidewände dehnt und durch seine Größe auf den Rändern des Hiatus genitalis und auf den auseinander gewichenen Fasern des Musculus levator ani seinen Stützpunkt findet, führt dazu, daß diese Prolapspessare manchmal starke und tiefgreifende Dekubitalschäden hervorrufen können. Besonders in den Wechseljahren sind derartige Folgen bei der leicht verletzbaren atrophischen Scheidenwand, deren Dehnungsfähigkeit gering ist und im postklimakterischen Alter immer mehr durch Schrumpfung nachläßt, außerordentlich häufig. Durch Druckusur des Pessars kann es zu großen Blasen- und Mastdarmscheidenfisteln kommen. Mitunter wird auch der Ring durch die an den Dekubitalgeschwüren sich entwickelnden reichlichen Granulationen umwuchert und oft gänzlich in Granulationsgewebe eingebettet. Ist in derartigen Fällen der Introitus durch Schrumpfung für den Ring zu eng geworden, so ist es notwendig, das Hartgummi- oder Zelluloidpessar zu verkleinern. Die verkleinerten Ringhälften lassen sich dann leicht ohne weitere Verletzungen entfernen.

Zur Vermeidung der geschilderten Schädlichkeiten ist es deshalb besonders in den Wechseljahren geboten, jeder Pessarträgerin prophylaktisch tägliche Scheidenspülungen mit Holzessig oder Alsol zu verordnen, um die fast immer vorhandene reichliche Sekretion einzudämmen und Sekretstauungen durch den Ring zu vermeiden. Mindestens alle sechs bis acht Wochen ist der Ring vom Arzt zu entfernen, exakt zu reinigen und bei Hartgummipessaren auf seine Glätte zu untersuchen; sie werden bei längerem Tragen leicht rauh und reiben so mechanisch leicht die Epithelschicht der Schleimhaut ab. Dabei muß auch sorgfältig die Scheide auf Druckstellen und Geschwürsbildung inspiziert werden. Können Dekubitalgeschwüre nachgewiesen werden, so sind sie vor neuerlicher Einlegung des Pessars unbedingt zur Ausheilung zu bringen. Erst bei völliger Epithelialisierung darf an eine neuerliche Einsetzung eines eventuell kleineren Ringes geschritten werden. Die Empfindlichkeit der Scheidenschleimhaut ist aber oft in den Wechseljahren eine derart große, daß ein Pessar überhaupt nicht vertragen wird, und sich diese Art der Therapie deshalb als unmöglich erweist..

Auch die im Klimakterium einsetzende Schrumpfung der Scheide, die sich oft trichterförmig nach oben zu verjüngt, macht in vielen Fällen eine Pessarbehandlung des Vorfalles unmöglich. Ein der Weite des geschrumpften Vaginalrohres angepaßtes Pessar wird an dem wesentlich weiteren Spalt des defekten Beckenbodens keinen Halt mehr finden und bei jeder Anspannung der Bauchpresse samt dem reponierten Vorfall nach außen befördert werden. Eine orthopädische Pessarbehandlung ist in derartigen, im Klimakterium häufig zu beobachtenden Fällen natürlich gänzlich zwecklos.

Diese Mängel der konservativen Therapie lassen es begreiflich erscheinen, daß die Behandlung eines jeden Deszensus oder Prolapses in den Wechseljahren nach Möglichkeit eine operative sein soll. Nur wenn sich ein operativer Eingriff durch Herz-, Lungen-, Nierenerkrankungen oder hinfälligen Körperzustand verbietet, sollte in diesen Jahren eine konservative Behandlung des Vorfalles in ihr Recht treten. Ist diese aus den früher erwähnten Gründen nicht möglich, dann bleibt als letzter Versuch nichts anderes übrig, als einen an einem Beckengurt befestigten Tragapparat zu verordnen, der unter dem Namen Hysterophor bekannt ist.

Bezüglich der operativen Therapie wäre nur zu erwähnen, daß man in der Regel der Fälle mit der Verengerung der Scheide durch vordere und hintere Kolporrhaphie nebst einer Plastik des Beckenbodens durch Vereinigung der auseinandergewichenen Levatorschenkel auslangt. Bei Zystozelenbildung ist aber auch eine Raffung der herabgesunkenen Blase mit gleichzeitiger exakter Naht des Septum vesicovaginale nötig. Halban betont die besondere Wichtigkeit dieser Fasziennaht, die als Stütze und Tragfläche für den Blasenboden dient. Bei großen Zystozelen haben wir aber in den Wechseljahren in der Uterusinterposition nach Schauta und Wertheim ein Verfahren, durch welches wir der genannten Verlagerung der Harnblase in wirksamer Weise begegnen. Dabei wird die extraperitoneal verlagerte Gebärmutter zwischen Blase und vordere Scheidenwand eingenäht und vermag so die Blase zu stützen und im Verein mit der gleichzeitig vorgenommenen Levatornaht den Hiatus genitalis pelottenartig zu verschließen. Bei Totalprolaps kann mitunter die vaginale Exstirpation der vorgefallenen Gebärmutter mit ausgiebiger vorderer und hinterer Kolporrhaphie und Dammplastik in Frage kommen. Auch die Vernähung beider Scheidenwände durch mediane Kolporrhaphie nach Neugebauer-Le Fort gibt in derartigen Fällen gute Resultate. Hofmeier, Mackenrodt und Mathes sind speziell bei Prolapsrezidiven warm für sie eingetreten. Durch Bildung zweier enger Scheidenkanäle schafft diese Operation aber Kohabitationsunfähigkeit.

Während die bisher geschilderten Erkrankungen durch die in dieser Altersepoche auftretenden atrophischen Prozesse ursächlich bedingt sind oder doch gefördert werden, ist dies bei dem Myom des Uterus, einer in der Wechselzeit zu vielfachen Störungen Anlaß gebenden Erkrankung, nicht der Fall.

Das Myom

Von der Häufigkeit der Myomentwicklung machen wir uns eine Vorstellung, wenn wir durch eine Statistik von Bayle hören, daß bei Frauen über 35 Jahren in 20% der Fälle ein Myom festgestellt werden kann. Hofmiller berichtet, daß unter 2600 weiblichen Leichen des Krankenhauses München-Schwabing vor dem 35. Lebensjahr in 2,4%, nach dem 35. Lebensjahr in 17% ein Uterusmyom nachgewiesen wurde. Was den Einfluß des Lebensalters auf die Myomentwicklung anlangt, so ist das Vorkommen von Myomen vor dem Eintritt der Pubertät nicht bekannt. In äußerst seltenen Fällen wurden allerdings in den ersten Jahren der Geschlechtsreife Myome beobachtet (H. H. Schmidt, v. Winckel, Garkisch, Schorler u. a.). Es steht aber nach den Angaben von Albrecht, Engström, Döderlein, Hornung u. a. fest, daß die klinische Myomfrequenz im fünften Lebensdezennium ihren Höhepunkt erreicht und daß die Blüte des Myomwachstums in das Ende der zweiten Hälfte des geschlechtsreifen Alters fällt. Jenseits des 55. Lebensjahres ist ein Wachstum von Myomen nur in seltenen Ausnahmefällen zu beobachten.

Wenn nach dem Gesagten das Myom somit gewiß nicht als Erkrankung aufgefaßt werden kann, die sich auf die Zeit der Wechseljahre allein beschränkt, so bestehen doch zwischen ihm und dieser Altersepoche vielfache wechselseitige Beziehungen. Zu den bekanntesten zählt wohl die seit langem feststehende Tatsache, daß das Myomwachstum mit Erlöschen der Eierstockfunktionen meist sistiert, und daß es nach der Menopause in der Regel zur Schrumpfung der Myome kommt. Diese Erfahrung hat auch zusammen mit der Erkenntnis, daß Myome vor der Pubertät nicht vorkommen, zur Annahme geführt, die Myome verdankten ihre Entwicklung übergeordneten trophischen Einflüssen von seiten der Ovarien. Schon Jouin hatte im Jahre 1897 die Vermutung ausgesprochen, daß die Uterusfibrome durch eine Störung der Harmonie zwischen Schilddrüse und Eierstock im Sinne einer Hyperfunktion des Ovars mit gleichzeitiger Hypofunktion der Schilddrüse bedingt seien. In neuerer Zeit ist es hauptsächlich Seitz, der dieser innersekretorischen Hypothese der Myomentwicklung das Wort spricht und der Meinung Ausdruck gibt, daß ebenso, wie sich normales Wachstum des Uterus unter dem Einfluß des normalen Ovariums vollzieht, pathologisches Wachstum der Uterusmuskulatur (Myome) durch krankhaft veränderte Eierstocktätigkeit zustande kommt. Diese Anschauung wurde durch die gerade bei Myomen so häufig nachweisbaren anatomischen Veränderungen der Ovarien, die als kleinzystische Degeneration, Vergrößerung durch Vermehrung des Stromas, größere Zystenbildungen von zahlreichen Autoren (Bulius, Popoff, Werth, Gebhardt u. a.) beschrieben worden sind, noch wahrscheinlicher. A. Mayer fand derartige Veränderungen der Keimdrüsen in jedem vierten Fall von Myom. Nach Sektionsberichten des Pathologischen Institutes des Krankenhauses München-Schwabing ist in 33,4% der Myomfälle zystische Degeneration der Ovarien nachgewiesen worden (Albrecht).

Den direkten Beweis pathologisch veränderter Eierstocktätigkeit glaubt A. Mayer zusammen mit Schneider mit Hilfe des Abderhaldenschen Abbauverfahrens erbracht zu haben, mit dem er positive Resultate erzielen konnte.

Weiters mag auch der häufig bei myomkranken Frauen zu konstatierende spätere Eintritt in den Wechsel mit veränderter oder vielleicht verstärkter Eierstocktätigkeit in Einklang gebracht werden.

Bezüglich des Verhaltens der Schilddrüse haben Nowak und v. Graff bei 112 Frauen mit Myom nur 28% strumöse gefunden, während Aschner bei der größten Mehrzahl seiner Myompatientinnen Strumen fand, und J. Bauer gibt an, daß er Strumen im reichen Myommaterial der Innsbrucker Frauenklinik niemals vermißte.

Finden wir in den geschilderten Tatsachen eine Stütze für die innersekretorische Myomgenese, so muß doch mit Nachdruck darauf hingewiesen werden, daß der biologische Nachweis veränderter Eierstocktätigkeit bis heute noch nicht geglückt ist (Neu), und daß nichts zur Annahme sogenannter „Myomhormone" berechtigt (R. Meyer). Was die anatomisch nachgewiesenen Veränderungen der Keimdrüsen anlangt, so kommen sie auch häufig ohne das Bestehen von Myomen vor und werden in zirka 70% der Fälle auch bei Myomen nicht gefunden. Die positiven Resultate mit der Abderhaldenschen Reaktion von A. Mayer und Schneider bedürfen noch der Nachprüfung und können, ganz abgesehen von methodischen Bedenken, noch nicht als beweiskräftig angesehen werden.

Olshausen macht andauernde entzündliche Hyperämie der Beckenorgane für Myomentwicklung verantwortlich, Kehrer sieht in geschlechtlich bedingten hyperämischen Zuständen Reize, die zur Myomentwicklung führen, Aschner mißt besonderen konstitutionellen Eigentümlichkeiten und erblicher Belastung eine besondere Bedeutung zu.

Aus all dem Gesagten geht hervor, daß wir in der Erkenntnis der Myomgenese über Vermutungen und Hypothesen bis heute noch nicht hinaus sind. Als einzig feststehend kann wohl nur der übergeordnete Einfluß der Keimdrüsenfunktion auf das Myomwachstum gelten. Besonders interessant und hiefür beweisend ist der von Fleischmann veröffentlichte Fall, bei dem nach Ovarientransplantation eine Entwicklung myomatöser Geschwülste nachgewiesen werden konnte.

Diese Abhängigkeit des Myoms von der Eierstocktätigkeit läßt es begreiflich erscheinen, daß die Zeit der Wechseljahre einen Einfluß auf diese Geschwulst ausübt.

Eines Teiles der mannigfachen Beschwerden, die durch myomatöse Tumoren in der Zeit des Klimakteriums hervorgerufen werden, wurde schon beioder Besprechung pathologischer Blutungen im Beginn der Wechseljahre gedacht. Es bleibt im Rahmen dieser Erörterungen aber noch übrig, jene Veränderungen zu besprechen, die durch das Erlöschen der Tätigkeit der Keimdrüsen am myomatösen Tumor selbst vielfach zustande kommen.

Wie schon erwähnt, ist mit Eintritt der Menopause in der Regel eine Schrumpfung der Myome zu beobachten, die durch allmähliche Atrophie um ein Vielfaches ihrer Größe abnehmen können. Diese Schrumpfung der Tumoren, die durch einen Schwund der Myomzellen bedingt ist, wird durch die allmählich geringere Blutversorgung des weiblichen Genitales nach eingetretener Menopause verursacht. Meist ist dieser Schwund der Myomzellen mit fibröser Degeneration der Myofibrillen vergesellschaftet, wobei es sich, wie R. Meyer nachweisen konnte, nicht um eine Vermehrung des interfaszikulären Bindegewebes handelt, sondern um eine fibröse Entartung der Muskelfasern selbst. Häufig findet sich auch eine mehr oder minder ausgedehnte hyaline Degeneration, die manchmal nur das zwischen den Muskelfasern liegende Bindegewebe und die darin verlaufenden Gefäße betrifft, oft aber auch in Form hyaliner Aufquellung der Myomzellen selbst mikroskopisch erkennbar ist. Der Tumor wird bei fibröser Degeneration immer härter, schließlich knorpelhart und hat bei hyaliner Entartung makroskopisch sehnenartigen Glanz. Die hyaline Degeneration neigt besonders zu Verkalkungen, die häufig in mehr oder minder ausgedehnten Partien, in streifiger Anordnung oder schalenförmiger Struktur zu finden sind.

Diese fast als physiologisch zu bezeichnenden degenerativen Vorgänge myomatöser Tumoren im Klimakterium können bei partiellem Auftreten durch mangelhafte Blutversorgung zu schweren Störungen der Blut- und auch der Lymphzirkulation führen und ausgedehnte Nekrosen, Lymphstauungen und Erweichung der Geschwülste verursachen.

Je nach dem Grade der Kreislaufstörungen beobachtet man teilweise oder völlige Nekrobiose, hämorrhagische oder anämische Infarkte und schließlich völligen Zerfall der ungenügend ernährten Anteile. Es bilden sich durch Verflüssigungsnekrose Höhlen, die mit trübem, blutig oder bräunlich, mißfarbig aussehendem Brei verschiedener Konsistenz erfüllt sind. Daß derartige an und für sich aseptische Erweichungsherde als Locus minoris resistentiae leicht zu sekundärer Infektion neigen, wodurch sich kleinere oder größere Eiterherde in den zerfallenden Myomknoten bilden, ist leicht verständlich. Häufig sind derartige Infektionen bei submukös sitzenden Tumoren, wo sie durch Verletzungen der Schleimhaut spontan, nach Sondenuntersuchungen oder Curettagen auftreten, sie kommen aber auch, allerdings recht selten, bei intramural oder subserös sitzenden Tumoren vor. Hier handelt es sich in der Regel um hämatogene Infektionen nach Anginen oder grippösen Erkrankungen, seltener um eine Einwanderung von Keimen aus benachbarten Entzündungsherden.

Störung im Lymphabfluß führt zur Erweiterung der Lymphspalten des Tumors in Form von Lymphangiektasien und bisweilen zur Ausbildung großer lympherfüllter Hohlräume. Die Stauung der Lymphe hat ödematöse Durchtränkung und Quellung des Gewebes zur Folge, die zu deutlich weicherer Konsistenz des Tumors führt, der manchmal fast fluktuierenden Charakter hat. Diese lympherfüllten Zysten unterscheiden sich von nekrotischen Zerfallshöhlen durch die in ihnen enthaltene hellgelbliche, klare Flüssigkeit.

Während wir nun in der mit der Menopause erfolgenden Atrophie und fibrösen Schrumpfung der Myome eine besonders schätzenswerte Eigentümlichkeit dieser Geschwülste sehen, die fernerhin in der Regel völlig symptomlos weder das Leben noch die Gesundheit der Patientin benachteiligen, können die erwähnten degenerativen Prozesse schwere Komplikationen mit sich bringen und erfordern eine Behandlung.

Schon die Verkalkung des Tumors kann durch Druck auf die Nachbarorgane Veränderungen entzündlicher Art bedingen und zu Kompressionserscheinungen des Rektums oder der Blase führen (Payr). Auch stärkere Schmerzen werden durch verkalkte, harte Geschwülste nicht selten auf dem Wege der spinalen Schmerzfasern der Becken- und Bauchwand häufig hervorgerufen. Insbesondere aber sind es die durch mangelhafte Ernährung der Myome entstandenen degenerativen Prozesse der teilweisen oder völligen Nekrose, Lymphstauung oder Infektion des Tumors, die Anlaß zu Beschwerden und manchmal zu gefahrdrohenden Zuständen im Klimakterium geben können.

Es sind lokale und allgemeine Symptome, die das Krankheitsbild beherrschen und uns auf diese Komplikationen aufmerksam machen. Örtlich ist die Schmerzhaftigkeit des Tumors, ein auf Nekrose oder Zerfall hinweisendes Symptom, von besonderer Wichtigkeit. Sie ist durch meist plötzliche Größenzunahme der Geschwulst, die sich öfter auch anamnestisch erheben läßt, bedingt und kommt durch vermehrte Spannung der Myomkapsel und entzündliche Reaktion der Umgebung zustande. Gleichzeitig können durch den Reiz des zerfallenden Tumors auch lebhafte, krampfartige Uteruskontraktionen ausgelöst werden. Diagnostisch wertvoll ist die bei objektiver Untersuchung auch meist erkennbare Erweichung der früher soliden Geschwulst, der Nachweis zystischer Anteile mit mehr oder minder deutlicher Fluktuation.

Bei irgendwie ausgedehnter Nekrose treten auch Allgemeinerscheinungen auf, die Folge einer Intoxikation durch die nekrotischen Massen sind. Übelkeiten, Erbrechen, anfänglich hohes Fieber mit eventuellem Schüttelfrost lassen sich öfters beobachten. Besonders stürmisch sind derartige Krankheitserscheinungen, wenn es sich um eine Infektion der erweichten, nekrotischen Myommassen, um eine Vereiterung der Geschwulst, handelt. Hier sind es fast immer deutliche peritoneale Symptome und septische Temperaturen, die das Krankheitsbild beherrschen und sofortige Therapie erheischen.

Außer den beschriebenen regressiven Veränderungen, die zu Komplikationen besonders im Klimakterium Veranlassung geben, ist es noch die bösartige Entartung der Geschwulst, mit der der Arzt besonders während der Wechseljahre zu rechnen hat. Ist ja das Sarkom nach Veit eine Erkrankung überwiegend der Zeit der Wechseljahre. Gusserow fand 70% aller Sarkomträgerinnen nahe dem Klimakterium, Steinhardt ein Manifestwerden des Sarkoms bei 40% nach der Menopause. In der Frage nach der Häufigkeit bösartiger Entartung myomatöser Geschwülste besteht aber noch keine Einigkeit. Die Angaben darüber schwanken außerordentlich. Pfannenstiel berechnete die Häufigkeit auf 0 : 1080, Warnekros auf 10%. Nach der von Albrecht angestellten Sammelstatistik dürfte aber feststehen, daß in zirka 1% aller Myome eine sarkomatöse Degeneration gefunden wird.

Klinisch kommen wir im Beginn meist nicht über Verdachtsmomente hinaus. Die ersten Anzeichen sind auffallend rasches Wachstum der Geschwulst, die meist eine weichere Konsistenz aufweist. Besonders dann müssen wir an eine Umwandlung des Myoms in ein Sarkom denken, wenn rasche Größenzunahme des Tumors nach eingetretener Menopause und eine Schmerzhaftigkeit der Geschwulst nachzuweisen ist. Meist sind dann auch Blasen- und Darmstörungen zu konstatieren, denen bald eine mehr oder weniger auffallende allgemeine Anämie und Abmagerung folgt.

Ein Wort noch zur Therapie des Uterusmyoms in den Wechseljahren. Anatomisch gutartig nimmt das Uterusmyom unter den Neubildungen des weiblichen Genitales insoferne eine Sonderstellung ein, als es nicht wie andere Tumoren durch sein Bestehen allein schon Gegenstand therapeutischen Eingreifens ist. Nicht der myomatöse Tumor an sich, sondern die durch ihn gesetzten Krankheitserscheinungen geben Veranlassung, die Behandlung einzuleiten.

Sind die durch das Myom, das nur eine geringe Größe aufweist, hervorgerufenen Beschwerden nur geringfügiger Natur, so kann eine symptomatische Therapie versucht werden. In der Regel sind es verstärkte menstruelle Blutungen, die uns dazu zwingen, therapeutisch einzugreifen. Zu ihrer Bekämpfung ist neben Bettruhe das gesamte Rüstzeug unserer medikamentösen Therapie gegen Uterusblutungen in Anwendung zu bringen und schon acht bis zehn Tage vor Beginn der menstruellen Blutung mit der Verabreichung von Styptizis anzufangen. Von dieser bereits etliche Tage vor Beginn der Periode einsetzenden Behandlung ist in der Regel wesentlich mehr zu erwarten als von einer Medikation, die erst zur Zeit der Menses einsetzt. In einigen Fällen gelingt es dadurch, die Stärke der Blutungen günstig zu beeinflussen. Ein Einfluß auf die Größe und das Wachstum der Geschwulst erfolgt dadurch natürlich nicht. Eine große Rolle in der symptomatischen Myomtherapie spielt seit jeher die Badebehandlung. Kühle Ganz- oder Teilabreibungen, ein Badegebrauch in jodhaltigen Solbädern (Hall, Kreuznach, Tölz usw.) oder radiumhaltigen Wässern (Gastein, Franzensbad) wird öfter gerühmt. Aschner empfiehlt entsprechend seiner humoralen Betrachtungsweise, die in Lymphatismus und „dyskrasischen Zuständen" zur Myomentwicklung prädisponierende Momente sieht, eine Allgemeinbehandlung. Durch Darreichung salinischer Abführmittel will er eine „Ableitung auf den Darm" erzielen, durch zerteilende und blutreinigende Mittel" (Herba Equiseti, Herba Polygoni, Radix Tormentillae, Lignum Santali usw.) nebst Aderlaß eine Eindämmung des Wachstums und Aufhören der Blutungen bewirken. Es muß jedoch hervorgehoben werden, daß unter allen Umständen die palliative Behandlung lediglich einen Versuch darstellt, der bei fortdauernden stärkeren Blutungen oder weiterem Wachstum der Geschwulst in den Wechseljahren nicht allzu lange fortgesetzt werden sollte.

Die Therapie der Myome in den Wechseljahren. Die zwei kausalen Behandlungsverfahren, die uns dann weiter zur Verfügung stehen, sind die Operation und die Strahlenbehandlung. Wenn auch über die Abgrenzung der Indikationen zu der einen oder der anderen Behandlungsart in jüngeren Jahren heute noch keine Einigkeit herrscht, so ist es doch möglich, genaue Richtlinien aufzustellen, wenn es sich um Myomträgerinnen handelt, die sich im durchschnittlichen Alter der Wechseljahre befinden. Bekanntlich wirkt die Strahlenbehandlung dadurch, daß sie durch Vernichtung der Ovulation und der innersekretorischen Funktion des Eierstocks die Myome zu beeinflussen vermag. Wir führen durch die Bestrahlung rasch das Klimakterium herbei und können auf diese Weise ein Aufhören der Blutung und eine Schrumpfung der Geschwülste in vielen Fällen erreichen. Eine direkte Einwirkung der Röntgenstrahlen auf das Myomgewebe wird zwar von den meisten Autoren bestritten, doch scheint nach unseren Erfahrungen immerhin in einzelnen Fällen eine solche auf das Myom nicht ausgeschlossen.

Während der Hauptvorzug der Strahlenbehandlung darin liegt, daß sie keinerlei Mortalität aufweist, ist es bei operativer Behandlung möglich, durch Entfernung des myomatösen Tumors absolut sichere Dauerheilung zu erzielen und die gerade im Klimakterium und nach der Bestrahlung ab und zu zur Beobachtung gelangenden Komplikationen, die durch degenerative Prozesse und maligne Entartung in wenigen Fällen auftreten, sicher zu vermeiden. Des weiteren kann bei der operativen Therapie jener Nachteil der Strahlenbehandlung vermieden werden, daß bei ihr ein Erfolg nur durch Einstellung der Funktion der Keimdrüsen möglich ist. Die Erkenntnis, daß nach Ausschaltung der Ovarien in jüngeren Jahren stärkere Ausfallserscheinungen auftreten, hat dazu geführt, daß Frauen mit Myomen unter 40 Jahren fast von allen Autoren heute von der Bestrahlung ausgeschlossen werden. Halban nimmt das 42. bis 45. Lebensjahr als Grenze an; Aschner hingegen will wegen der von ihm besonders schwer gewerteten Ausfallserscheinungen die Strahlenbehandlung möglichst überhaupt zugunsten konservierender Myomoperationen, bei denen die Menstruation noch erhalten bleibt, vermieden wissen und ist der Meinung, daß auch ein Alter von 45 Jahren wegen der meist bei Myomkranken hinausgeschobenen Menopause noch nicht dazu berechtigt, die Röntgenkastration vorzunehmen. Uns erscheint Aschners Standpunkt nicht richtig, da nach unseren Erfahrungen bei älteren Frauen, die sich im durchschnittlichen Alter der Wechseljahre befinden, die Beschwerden meist keinen stärkeren Grad aufweisen, gegenüber jenen, die auch bei normalem Klimakterium zur Beobachtung kommen.

Wenn wir also kurz zusammenfassend abgrenzen, wann die Strahlenbehandlung, wann das operative Verfahren eingeschlagen werden soll, so ist die Strahlenbehandlung myomatöser Tumoren in den Wechseljahren grundsätzlich dann vorzunehmen, wenn nicht besondere Komplikationen zu einem operativen Eingriff zwingen. Operativ muß jedenfalls vorgegangen werden:

1. Bei allen submukös sitzenden Tumoren;

2. bei subserösen, manchmal gestielten Geschwülsten ist in der Regel gleichfalls die operative Entfernung des Tumors vorzuziehen;

3. bei degenerativen Prozessen im myomatösen Tumor (Nekrose, Vereiterung, Verjauchung, zystischer Entartung oder Lymphstauung);

4. bei Verdacht auf sarkomatöse Degeneration;

5. bei großen Tumoren, die durch Druck auf die Nachbarorgane schwere Kompressionserscheinungen hervorrufen;

6. bei allen Myomen, die nach eingetretener Menopause eine Behandlung erheischen;

7. in allen Fällen unklarer Diagnose (Verdacht auf Ovarialtumor usw.).

Unter diesen Einschränkungen besitzen wir in der Strahlentherapie des Myoms in der Zeit der Wechseljahre ein segensreiches Mittel, das uns es oft möglich macht, die durch diese hervorgerufenen Krankheitserscheinungen zu bannen und die Geschwulst zu weitgehender Schrumpfung zu bringen. In den übrigen Fällen sind wir durch operatives Vorgehen, das in der Abtragung subseröser oder submuköser Tumoren, in supravaginaler Amputation oder Totalexstirpation des ganzen Uterus auf abdominalem oder vaginalem Wege besteht, in der Lage, dauernde Heilung zu bringen.

Der Gebärmutterkrebs

Die Zeit des Klimakteriums ist weiters auch die Prädilektionszeit des Genitalkarzinoms. Die statistischen Zusammenstellungen von Gusserow, Roger Williams, Leroy d'Ettioles, Hofmeier u. a. lehren, daß das Uteruskarzinom ebenso wie der Krebs anderer Organe in der Mehrzahl der Fälle in mehr vorgerücktem Lebensalter mit besonderer Häufigkeit zur Entwicklung kommt. Zwar wissen wir, daß auch in Ausnahmefällen vor dem zwanzigsten Lebensjahre Karzinome des Uterus beobachtet wurden — S. Rosenstein beschrieb ein Karzinom der Gebärmutter bei einem zweijährigen Kind, Ganghofner einen Medullarkrebs der Portio bei einem achtjährigen Mädchen, Schauta, P. G. Spinelli, Eckhardt bei siebzehn- und achtzehnjährigen —, so ist doch trotz dieser Ausnahmen von der Regel nicht zu leugnen, daß das Alter einen entscheidenden Einfluß auf die Karzinomentwicklung ausübt. Aus den statistischen Tabellen fast aller Untersucher ist die Tatsache ersichtlich, daß das Maximum der Erkrankung auf die Jahre zwischen 40 und 50, also auf jene Zeit fällt, in der gewöhnlich der Wechsel einzutreten pflegt. In der Sammelstatistik Roger Williams ist unter 11714 Fällen von Uteruskarzinom das Alter

zwischen 20 und 30 Jahren mit   518 Fällen
   ,,   30 ,, 40   ,,   ,, 2094   ,,
   ,,   40 ,, 50   ,,   ,, 3472   ,,
   ,,   50 ,, 60   ,,   ,, 3061   ,,
   ,,   60 ,, 70   ,,   ,, 1861   ,,   beteiligt.

Dabei sehen wir deutliche Unterschiede zwischen Zervix- und Korpuskarzinomen. Während der Krebs des Halsteiles der Gebärmutter nach Untersuchungen Koblancks im fünften Lebensjahrzehnt in 35,8% auftritt, und das vierte und sechste nur mit rund 24% beteiligt ist, stehen beimKorpuskarzinom 52% der Erkrankten im sechsten Dezennium und nur 20,5% im fünften und 17,3% im siebenten.

Solange wir über die Ätiologie des Krebses aber nichts Genaueres wissen, kann natürlich auch über den Grund der deutlich nachweisbaren Altersdisposition nichts Sicheres ausgesagt werden. Thiersch hat zur Erklärung die Veränderungen, die der alternde Organismus besonders in seinem bindegewebigen Apparat erleidet, herangezogen und ist der Meinung, daß die Widerstandsfähigkeit des atrophischen Bindegewebes in vorgerückteren Jahren eine bedeutende Abschwächung erfährt, während das Epithel bis in das höchste Alter seine Lebenskraft behält. Durch Störung des statischen Gleichgewichtes zwischen Bindegewebe und Epithel kommt es leicht zu einem Vordringen des letzteren, und in diesem „Involutionsprozeß des Alters" sieht Thiersch den ersten Beginn und die Ursache der Krebswucherung.

Demgegenüber muß aber darauf hingewiesen werden, daß die Altersatrophie des Bindegewebes allein nicht imstande ist, eine Krebsbildung hervorzurufen, weil sonst, wie Hauser hervorhob, multiple Karzinome auftreten müßten, da Gelegenheit zu solchen Störungen doch mannigfach im Körper vorkäme. Außerdem sehen wir bei der scirrhösen Form des Karzinoms, das doch ein sehr starkes Bindegewebe aufweist, trotzdem ein typisches infiltrierendes Wachstum der Geschwulstzellen.

Auf der anderen Seite sah man in dem Aufhören der physiologischen Blutsekretion zur Zeit des Klimakteriums seit langem ein äußerst wichtiges prädisponierendes Moment zur Karzinomentwicklung, auf das Aschner heute in seiner „Renaissance der Humoralpathologie und Krasenlehre" besonderes Gewicht legt. Über die Beziehungen der Karzinome zu den Keimdrüsen und den übrigen Drüsen innerer Sekretion wissen wir bis heute noch recht wenig. Doch scheinen solche immerhin zu bestehen. (Freund-Kaminer.)

Von einer Prophylaxe des Karzinoms kann ohne Kenntnis der Ätiologie dieser Erkrankung nicht gesprochen werden. Unser einziges Bestreben muß sich heute lediglich auf eine möglichst frühzeitige Erkennung des bösartigen Neugebildes beschränken. Bei frühzeitiger Diagnose ist es in vielen Fällen möglich, dauernde Heilung zu bringen und die Frauen vor dem qualvollen Ende, das bei Krebserkrankung der Gebärmutter eintritt, mit großer Sicherheit zu bewahren.

Von allen als Frühsymptome angeführten klinischen Erscheinungen kommt nach heutigen Kenntnissen nur den Blutungen und dem Fluor, den gewöhnlichen Kennzeichen uteriner Erkrankung, Bedeutung zu. Diese sind deshalb gerade in den Wechseljahren besonders zu würdigen. Blutungsanomalien jeder Art, insbesondere Blutungen post coitum oder nach Scheidenspülungen, und blutig-wässeriger Ausfluß müssen den dringenden Verdacht auf karzinomatöse Erkrankung des Genitales wecken. Mit fast an Sicherheit grenzender Wahrscheinlichkeit ist ein Karzinom dann vorhanden, wenn Frauen in diesen Jahren nach monate- oder jahrelanger Pause wieder zu bluten anfangen. Sorgfältige ärztliche Untersuchung, wie sie bereits bei Besprechung pathologischer Blutungen geschildert wurde, wird entweder sofort oder in zweifelhaften Fällen durch mikroskopische Diagnostik exzidierter Stückchen oder abgeschabter Korpusschleimhaut Klarheit bringen.

In allen Fällen, wo eine bösartige Neubildung des Genitales vom Arzt erkannt ist, obliegt ihm die Pflicht, die Patientin so weit als tunlich aufzuklären und zu sofortiger Operation zu bringen. Jeder Aufschub, jedes Paktieren ist strikt ebenso abzulehnen wie der Versuch, kleine Karzinomgeschwüre eventuell selber mit Ätzmitteln zu behandeln. Durch Vergeudung kostbarer Zeit kann ein noch operables Karzinom innerhalb weniger Wochen inoperabel werden, oder es können sich doch zum mindesten die Aussichten auf dauernde Heilung ganz wesentlich verschlechtern.

Der Brustkrebs

Aber nicht nur Karzinome des Genitales, sondern auch Mammakarzinome zeigen gerade in diesen Jahren eine auffällige Häufung. Übereinstimmend zeigen auch hier alle Statistiken (Lebert, Velpeau, Winniwarter u. a.) in den Jahren zwischen 40 und 50 die größte Prozentzahl an Erkrankungen. Es ist deshalb auch hier eine genaue und aufmerksame Selbstbeobachtung angezeigt, um den Brustkrebs rechtzeitig zu erkennen. Umschriebene Verhärtungen in den Brustdrüsen sind stets ernst zu nehmen und sollen immer Veranlassung bieten, sachverständigen ärztlichen Rat einzuholen.

3. Pathologische Erscheinungen am übrigen Organismus während der Wechseljahre

Haben wir bisher die am Genitale auftretenden pathologischen Veränderungen, die häufig in der Zeit der Wechseljahre beobachtet werden, erörtert, so wollen wir jetzt jene Symptome des Klimakteriums besprechen, die in pathologischer Weise am übrigen Organismus in dieser Zeit auftreten können und oftmals schwere Allgemeinstörungen bedingen.

Die Wirkung der Cessatio mensium auf den Gesamtorganismus äußert sich bei verschiedenen Individuen auf verschiedene Weise. In manchen Fällen tritt das Klimakterium ohne irgendwelche Störungen ein und ist lediglich durch das Ausbleiben der Menstruation kenntlich, ja es kann vorkommen, daß einzelne Frauen nach der Menopause erst recht aufblühen. Meist aber sind eine Reihe von Beschwerden vorhanden, die jedoch in der Regel unbedeutend, von der Trägerin nur als lästig, aber nicht als Krankheit empfunden werden. Sie wurden bereits bei Besprechung der Physiologie der Wechseljahre erörtert. In anderen Fällen aber sind die Störungen wohl in der Art die nämlichen wie die erwähnten, aber von solcher Stärke, daß von einem pathologischen Zustand gesprochen werden muß, oder es treten eine Reihe von Symptomen und Krankheitserscheinungen auf, die das Klimakterium zu einem mehr oder minder schweren Leiden gestalten. Dabei sind jedoch die Grenzen zwischen den als klimakterischer Symptomenkomplex im

physiologischen Sinne bekannten Erscheinungen und diesen pathologischen Störungen des Allgemeinbefindens absolut keine scharfen,
sondern fließend ineinander übergehende.

Wenn wir vorerst auf die Abgrenzung des Begriffes „klimakterische
Krankheitserscheinungen" eingehen, so müssen wir sagen, daß alle
in dieser Zeit auftretenden lokalen und allgemeinen Störungen, die sich
am Organismus beobachten lassen, ihnen zuzuzählen sind, sofern ihre
Abhängigkeit von dem Erlöschen der Ovarialfunktion feststeht. Wenn
die Beantwortung der Frage vom theoretischen Standpunkt auch leicht
ist, so ist es doch im Einzelfall mitunter unmöglich zu entscheiden, ob
die oder jene in den Wechseljahren auftretende Klage oder Wahrnehmung
rein klimakterischer Natur ist. Denn die in äußerst vielgestaltigen
Krankheitsbildern auftretenden Beschwerden lassen fast niemals Züge
bekannter, auch außerhalb des Klimakteriums vorkommender Prozesse
vermissen. Manchmal sind es Störungen, die von seiten der Gefäß-
muskulatur auftreten und die wir auch als Teilsymptome hyper-
thyreotischer Zustände außerhalb der Zeit der Wechseljahre beobachten,
oft aber treten diese Erscheinungen gegenüber dem Bilde allgemeiner
Gleichgewichtsstörung der innersekretorischen Drüsen zurück; dann
sind es wieder schmerzhafte Sensationen in den Knochen, den Gelenken,
der Haut, die besonders Schmerzen bereiten und die wir auch bei jugendlichen Individuen kennen; schließlich kommen auch Stoffwechselstörungen
vor, die dem Klimakterium ihre Entstehung verdanken, aber auch außerhalb dieser Zeit bekannt sind. Wiesel betont in seiner Abhandlung
über die innere Klinik des Klimakteriums mit Recht, daß es während
des Klimakteriums mit Ausnahme nur weniger spezifischer Erscheinungen
nichts gibt, was wir nicht auch in der internen Klinik anderer Lebensalter sehen.

Aus dieser bunten Vielgestaltigkeit klimakterischer Symptome und
ihrer Anklänge an Krankheitsbilder, die mit den Wechseljahren nichts
zu tun haben, erhellt die ungeheure Schwierigkeit ihrer einheitlichen
ätiologischen Deutung. Wir werden einzelne in dieser Zeit auftretende
Klagen und Beschwerden nur dann mit einiger Sicherheit als klimakterisch
bedingte auffassen können, wenn sie mit anderen Symptomen zusammentreffen, die sich erfahrungsgemäß in dieser Zeit häufig finden. Denn es
können natürlich auch andere Erkrankungen vorliegen, die nicht übersehen werden dürfen.

Von einer Reihe von Autoren wurden bereits Versuche unternommen,
die einzelnen dabei auftretenden Symptome zu gruppieren. So will
E. Kehrer zwischen vasomotorisch-sensiblen, motorisch-sensiblen,
hypersekretorischen und psychischen Störungen unterscheiden; Moosbacher und Meyer wählen eine Gruppierung in subjektiv-sensible
Störungen, motorische Störungen der glatten Muskulatur, Hypersekretion
der Drüsen und allgemein psychische Erscheinungen. Mit Recht betont
v. Jaschke, daß diese Einteilung mehr praktischen Bedürfnissen bei
der antizipierten, künstlichen Klimax entspricht, und schlägt eine schärfere
Gruppierung der Symptome nach Organsystemen vor. Haben auch

5*

alle genannten Einteilungen viel für sich und wirken auf weitere Erkennung der Zusammenhänge befruchtend, so erscheint mir doch für
den Praktiker nach dem Vorgang von Wiesel eine Trennung in subjektive Beschwerden und objektiv wahrnehmbare Veränderungen,
die dazu führen, am zweckmäßigsten. Wenn eine derartige Scheidung
auch kaum absolut exakt durchführbar ist, so trägt sie doch den praktischen Bedürfnissen am ehesten Rechnung.

Subjektive Beschwerden

Seit langem wissen wir, daß psychische Momente in der Bewertung
klimakterischer Beschwerden eine große Rolle spielen. Während nerven-
gesunde Individuen darunter im allgemeinen wenig leiden, werden
neurasthenische Personen von ihnen oft sehr gequält. Ganz allgemein
ist auch die Tatsache bekannt, daß in der Regel einfache Frauen in
einfacher Umgebung, die an eine die ganze Tageszeit absorbierende
Tätigkeit gewöhnt sind, wesentlich weniger über klimakterische
Beschwerden klagen als Frauen aus sogenannten intellektuellen Kreisen,
die viel Zeit und Muße besitzen, sich in unnötiger und unfruchtbarer
Art mit sich und ihrem Wohlergehen zu beschäftigen. Letztere beobachten oft vorübergehende Beschwerden, von denen sie als Symptomen
beginnenden Wechsels gehört oder gelesen haben, über Gebühr. Dadurch kann es sicher, wie Walthardt hervorhebt, zu autosuggestiven,
affektbetonten Vorstellungen, „krank" zu sein, kommen, wodurch eine
Reihe von Beschwerden direkt hervorgerufen werden, die auf psycho-
neurotischer Grundlage beruhen und nicht allein auf den Ausfall der
Eierstocktätigkeit zurückgeführt werden können. Es ist aber gewiß
nicht richtig, die Klagen derartiger Kranker einfach als „funktionelle"
oder „hysterische" zu deuten, da bei genauer Beobachtung derartiger
Fälle meist trotz der großen Mannigfaltigkeit der Beschwerden eine Art
Mittelpunkt gefunden werden kann, um den sich die Klagen gruppieren.

Wallungen

Im Vordergrund der vorgebrachten Beschwerden stehen meist
Störungen von seiten des Vasomotorenzentrums, die als sogenannte
Wallungen allgemein bekannt sind. Durch Arbeiten B. Zondeks wurde
festgestellt, daß es sich dabei, wie plethysmographische Untersuchungen
ergaben, um eine Innervationsstörung des Vasomotorenzentrums handelt,
durch welche aus den Splanchnikusgebieten passiv große Blutmengen
gegen die Peripherie gedrängt werden, wobei es aller Wahrscheinlichkeit
nach auch zu aktiver Dilatation der peripheren Gefäße kommt. Nach
kurzer Zeit erfolgt ein umgekehrter Vorgang, bei dem die in den peripheren
Gefäßen befindlichen Blutmassen durch Dilatation der Gefäße des Splanch-
nikusgebietes angesaugt werden, während peripher die Vasokonstrik-
toren in Tätigkeit sind. Durch diese Blutverschiebungen erscheint es,
wie Zondek sagt, begreiflich, daß Ohnmachtsgefühle, Herzklopfen
und Schweißausbrüche entstehen.

Wie schon erwähnt, ist diese im Klimakterium besonders häufige Form der Beschwerden keine Erscheinung, die nur auf die Wechseljahre beschränkt ist, sie findet sich, wie besonders Wiesel hervorhebt, auch sonst nicht so selten und tritt vor allem bei Hyperthyreose der verschiedensten Art auf, deren Frühsymptom sie lange Zeit hindurch bilden kann. In diesem Zusammenhang konnte Wiesel auch feststellen, daß es in den Wechseljahren dicke, kurzhalsige Frauen mit deutlich palpabler Schilddrüse sind, die über die Folgen der Labilität des Gefäßnervenzentrums ganz besonders zu klagen haben, während Frauen mit kleiner Schilddrüse anfänglich weniger von diesen Beschwerden betroffen sind. Diese auch an dem Material unserer Klinik nachweisbare Beobachtung läßt auf eine mutmaßliche Beteiligung der Schilddrüse beim Zustandekommen dieser Beschwerden schließen, die durch den allmählichen Ausfall der Eierstocktätigkeit im Zusammenspiel mit den übrigen innersekretorischen Drüsen zeitweilig ein Übergewicht erlangt. Auf alle Fälle erscheint mir diese Anschauung wesentlich besser begründet als die Auffassung Aschners, der die Kongestionen zu den äußeren und inneren Organen durch erhöhten Blutreichtum (Plethora), der durch den Wegfall der Menstruation zustande kommt, erklären will. Abgesehen davon, daß eine Vermehrung der Blutmenge im Sinne einer wahren Plethora im Klimakterium bis heute noch nicht festgestellt werden konnte, sehen wir häufig selbst bei stark ausgebluteten, anämischen Frauen Wallungen auftreten, wo gewiß von einer vermehrten Blutmenge nicht die Rede sein kann. Desgleichen lassen sich Wallungen oftmals schon zu einer Zeit beobachten, wo die Menses noch nicht erloschen sind, im Gegenteil manchmal verstärkte Regelblutungen bestehen.

Der bei den Hitzewallungen von den Frauen angegebenen Klagen wurde bereits gedacht und erwähnt, daß sie unvermutet oft im Anschluß an körperliche Anstrengungen oder seelische Aufregungen auftreten. Meist ist diese plötzlich einsetzende Völle im Gesicht, die durch „Hineinschießen" des Blutes in den Kopf erzeugt wird, von unangenehmem Schwindelgefühl begleitet und von Schweißausbrüchen gefolgt. Mitunter wird über gleichzeitig empfundene Trockenheit im Munde oder auch über stärkeren Speichelfluß geklagt. Die in der Mehrzahl der Fälle gegen den Kopf sich erstreckenden Wallungen lassen sich auch fast immer in Form starker Rötung des Gesichtes mit nachfolgender Blässe objektiv wahrnehmen, in einzelnen Fällen ist aber trotz genauester Beobachtung außer dem nachher auftretenden Schweißausbruch nichts zu sehen.

Differentialdiagnostisch können Wallungen, die sich nicht nach dem Kopf, sondern, wie es manchmal geschieht, gegen den Thorax oder das Abdomen zu erstrecken, große Schwierigkeiten bieten und Anlaß zu Fehldiagnosen geben, da sie öfters nebst Hitzegefühlen auch mit schmerzhaften Sensationen einhergehen, die von Wiesel als Gefäßschmerzen gedeutet werden. Bei derartigen Zuständen kann z. B. fälschlicherweise an das Bestehen einer Cholelithiasis oder an Magenerkrankungen gedacht werden, ja mitunter kann selbst, wenn die dabei auftretende Hitzwelle mit Brennen verwechselt wird und ein gleichzeitig im Klimakterium oft zu beobachtender Harndrang besteht, die Vermutung, daß ein Blasenleiden vorliegt, naheliegen.

Schweiße

Die im Anschluß an die Hitzewellen ausbrechenden Schweiße betreffen gleich diesen meist die obere Körperhälfte und besonders den Kopf. Sie befallen in der Regel eine bestimmte Region und treten an der Nase, den Lippen, der Stirne und manchmal auch an der behaarten Kopfhaut auf. Es kann aber auch vorkommen, daß der Rücken oder der Bauch davon befallen wird, ja hie und da beobachtet man sogar, daß der Schweißausbruch bloß einseitig auftritt. Plötzlich auftretende vermehrte Schweißsekretionen sind aber nicht nur im Anschluß an Wallungen wahrzunehmen, auch außerhalb dieser Anfälle besteht eine auffällige Neigung zum Schwitzen. Sie betrifft oftmals den ganzen Körper, meist ist es aber nur die obere Körperhälfte und besonders die oberen Extremitäten, an denen sie sich bemerkbar macht und als Hyperhidrosis der Handflächen recht unangenehm empfunden wird. Wenn auch heute die Schweißsekretion als sympathikotonisches Symptom aufzufassen ist, so muß doch daran erinnert werden, daß ihre Vermehrung auch bei Überfunktion der Schilddrüse und bei basedowoiden Zuständen außerhalb des Klimakteriums meist beobachtet wird.

Schwindel

Sehr häufig gehen diese Wallungen auch mit starkem Schwindelgefühl und quälenden subjektiven Hörgeräuschen einher. Beide Symptome können aber auch ohne das Vorhandensein von Wallungen auftreten. Während das als Begleiterscheinung der Hitzewellen auftretende Schwindelgefühl durch die plötzlich gesteigerte Blutmenge zustande kommt und häufig Angst vor „Schlaganfällen" hervorruft, treten die ohne Wallungen einsetzenden Schwindelattacken meist morgens beim Erwachen ohne vorhergehende Nausea auf und wiederholen sich häufig auch tagsüber meist bei bestimmten Körperhaltungen, zumeist beim Bücken. Sie äußern sich entweder in Form des Drehschwindels, oft wird aber auch über Unsicherheit beim Gehen und über das Gefühl geklagt, als ob der Boden unter den Füßen weggleite. Genaue ohrenärztliche Untersuchung, insbesondere die Fahndung auf Erkrankung des Labyrinthes ergibt oft kein positives Resultat, so daß der Gedanke, daß es sich hier um Zirkulationsstörungen handelt, naheliegt. v. Jaschke hebt hervor, daß häufig auch Schwindelattacken mit lokalisierten Schweißausbrüchen an Stellen verbunden sind, die sonst nicht von Schweißen betroffen werden.

Hörgeräusche

Die hie und da in den Wechseljahren auftretenden Hörgeräusche gehören zu einem der peinlichsten Symptome, zumal sie oft jeder Therapie zu trotzen scheinen. Meist ist es ein Summen und Brausen, worüber geklagt wird, oft auch ein Rauschen und Klingen, das nicht nur anfallsweise auftritt, sondern auch ohne Unterbrechung die Trägerin quälen kann. Nachtsüber werden diese Erscheinungen gewöhnlich wesentlich stärker, wie sich ja überhaupt Hörgeräusche bei Fehlen äußerer Schalleinwirkung auch sonst zu verstärken pflegen, und bedingen oftmals Schlaflosigkeit und schwerste nervöse Symptome. Vielfach mag es sich, besonders bei den anfallsweise auftretenden Geräuschen, um Erscheinungen handeln, die durch lokale Gefäßerkrankungen bedingt sind, in manchen Fällen wird aber auch das erste Symptom beginnender Otosklerose sich derart äußern. Auf alle Fälle ist eine genaue ohrenärztliche Untersuchung in allen derartigen Fällen, die vielfach hereditär belastet sind, auch hier geboten.

Augenflimmern

Mitunter wird besonders zur Zeit der Wallungen auch über starkes Flimmern vor den Augen, das von Kopfschmerzen und Üblichkeiten begleitet sein kann, geklagt. Ursache dieser als Flimmerskotom bekannten Störung sind, wie seit langem bekannt ist, Zirkulationsstörungen zentralen Ursprungs.

Gefäßschmerzen

Auch andere durch Labilität des Vasomotorenzentrums hervorgerufene Störungen des Blutkreislaufes, die an den peripheren Gefäßen auftreten, führen hie und da zu einer Reihe Beschwerden im Klimakterium. Dieselben bestehen meist in Parästhesien, mitunter aber auch in Schmerzen, die anfallsweise auftretend, durch Gefäßkrämpfe verursacht werden, aber auch ohne das Symptom des Krampfes verlaufen können. Diese Gefäßkrisen (Pal) müssen ursächlich mit der von B. Zondek nachgewiesenen Störung im Vasomotorenzentrum in Zusammenhang gebracht werden und betreffen meist die Extremitäten. Sie führen zu Schmerzen und Sensibilitätsstörungen an Fingern und Zehen, doch kann in seltenen Fällen auch die ganze Extremität davon befallen sein. Die Parästhesien äußern sich in Form des Eingeschlafenseins, Kribbelns oder Ameisenlaufens und werden häufig durch Kältewirkung ausgelöst. Die sich häufenden und oft auch schmerzhaften Anfälle können selbst dazu führen, daß die ganze Extremität an Beweglichkeit einbüßt und eine bleibende Hypästhesie eintritt. Sie sind meist auch objektiv im Sinne lokaler Zyanosen nachweisbar, doch kann an Stelle des Krampfes bei längerem Bestehen eine völlige Gefäßparese eintreten. In letztgenannten Fällen, die zur echten Raynaudschen Krankheit überleiten, ist meist auch eine ödematöse Schwellung der heißen, hyperämischen Haut festzustellen, die oftmals Ekzeme und Erkrankungen der Nägel aufweist. Diese Stellen bilden im höheren Alter Prädilektionsstellen für gangräneszierende Prozesse infolge von Arteriosklerose oder Diabetes. Eine Folge peripherer Gefäßkrämpfe sind auch die in den Wechseljahren so häufig auftretenden Wadenkrämpfe, die sich besonders nachtsüber in der Bettwärme einstellen und Ursache mancher schlaflos verbrachter Nächte sein können. Wiesel erwähnt auch zusammenschnürende Gefühle im Bereich des Halses, die an den Globus hystericus erinnern, für die er gleichfalls Gefäßkrämpfe verantwortlich macht.

Aber nicht nur krampfartige Zustände der Gefäße rufen im Klimakterium Beschwerden hervor, es treten in seltenen Fällen auch ohne Krämpfe Schmerzen auf, die in die Gefäße selber lokalisiert werden und als reine Vasalgien aufzufassen sind. Sie stellen ein charakteristisches Leiden des Klimakteriums dar. Es gibt wohl kaum eine Körpergegend, in der diese Gefäßschmerzen nicht auftreten könnten, doch sind die Schläfearterien, die Karotiden, manchmal die Aorta im Jugulum, besonders aber die Arteria femoralis, poplitea und tibialis postica, meist bevorzugt. Auch die großen Venenstämme der unteren Extremitäten werden mitunter von dieser Schmerzempfindung befallen. Die Schmerzhaftigkeit der Gefäße kann manchmal so groß sein, daß ein geringer Druck schon intensivste Schmerzen auszulösen vermag. Wiesel weist auf die differentialdiagnostische Bedeutung dieser exquisiten Druckempfindlichkeit gegenüber arteriosklerotischen Prozessen hin, bei denen eine Schmerzhaftigkeit des Gefäßes gewöhnlich fehlt.

Von Wichtigkeit kann die Kenntnis dieser Zustände an den unteren Extremitäten sein, da sie die Gehfähigkeit stark behindern, und wenn sie sich an den Arterien des Fußes etablieren, zu intermittierendem Hinken führen können. Vasalgien in der Arteria poplitea rufen häufig Verwechslungen mit Kniegelenksentzündungen hervor, da die dabei bestehenden Schmerzen öfters fälschlich auf arthritische Prozesse bezogen werden. Die stets bei Vasalgien leicht nachweisbare Druckempfindlichkeit der Gefäße wird ohne Schwierigkeit zu richtiger Diagnose führen.

Herzstörungen

Eine häufige Klage der Frauen in den Wechseljahren bezieht sich auf Störungen von seiten des Herzens. Es wird über anfallsweises, meist unabhängig von der körperlichen Arbeit, mitunter auch abends oder nachts auftretendes Herzklopfen geklagt, das mit schmerzhaften Sensationen, wie vorübergehenden Stichen in der Gegend der Herzspitze und krampfartigen Gefühlen, verbunden sein kann. Mitunter besteht auch eine bedeutende Steigerung der Pulsfrequenz und Tachykardie, ja diese Anfälle können sogar öfters mit dem Ausbleiben einzelner Pulsschläge einhergehen und in seltenen Fällen durch gleichzeitig auftretende Dyspnoe, Präkordialangst und ausstrahlende Schmerzen ungeheuer beängstigend und alarmierend durch ihre Ähnlichkeit mit dem Symptomenkomplex der Angina pectoris wirken. Die Dauer dieser Attacken ist meist kurz, wobei noch besonders bemerkenswert ist, daß sie von einem völlig störungsfreien Intervall gefolgt sind. Die Unterscheidung der verschiedenen Störungen, insbesondere die Abgrenzung der einschlägigen Beschwerden von der echten Angina pectoris, ist oftmals recht schwierig und kann immer nur nach wiederholter Untersuchung und längerer Beobachtung vorgenommen werden. Sicher ist in vielen Fällen die Störung mit psychogen verursacht, und es kann kein Zweifel darüber bestehen, daß das viele Gerede über Herzerkrankungen in den Wechseljahren und die unverstandene Lektüre vieler medizinischer Schriften und Mitteilungen bei zahlreichen zur Ängstlichkeit neigenden Personen eine Menge autosuggestiv entstandener subjektiver Empfindungen in der Herzgegend hervorrufen kann. Die oft in der Herzspitze angegebenen Schmerzen finden sich meist bei echter Angina pectoris nicht, die nur selten an dieser Stelle Schmerzen erzeugt. Auch die anfallsweise auftretende paroxysmale Tachykardie ist meist nicht von stärkerer Präkordialangst und Dyspnoe begleitet. Selbst in den Fällen, in denen zur Zeit des Anfalles über ausstrahlende Schmerzen gegen die Schulter und obere Extremität geklagt wird, fehlt das für Angina pectoris charakteristische „Vernichtungsgefühl"; die Frauen sind meist auch während des Anfalles imstande, ihre Beschwerden ganz ausführlich zu schildern und auch nach Ablauf der Attacke sind die Kranken kaum je erholungsbedürftig, sondern können in kürzester Zeit die gewohnte Tätigkeit in Angriff nehmen, Wiesel glaubt die Ursache dieser Beschwerden in sympathikotonischen Zuständen gelegen und faßt die dabei manchmal auftretenden krampfartig schnürenden oder brennenden substernalen Schmerzen als Gefäßnervenerscheinungen bzw. Vasalgien auf. Anderseits ist es aber auch in seltenen Fällen möglich, daß in der Zeit der Wechseljahre zum erstenmal die Symptome echter Angina pectoris auftreten, die, wie bekannt, hauptsächlich bei Sklerose der Aorta und ihrer Äste (Koronargefäße) vorkommt. Nicht als ob das Klimakterium an sich zur Arteriosklerose führen würde. Aber bei bereits beginnender sklerotischer Umwandlung der Gefäße können die in dieser Zeit auftretenden Störungen der Zirkulation das erstmalige Auftreten der unter dem Namen Angina pectoris bekannten stenokardischen Anfälle hervorrufen. Hier handelt es sich meist um Frauen aus wohlsituierten Kreisen, die gewohnt sind, üppig zu essen und zu trinken, und auch dem Nikotinabusus in starker Weise frönen. Wir müssen deshalb in allen Fällen, die Beschwerden von seiten des Herzens in den Wechseljahren aufweisen, recht vorsichtig sein, um durch wiederholte Untersuchung und Beobachtung der Patientinnen womöglich auch während der Anfälle schwere Erkrankungen des Herzens ausschließen zu können.

Verdauungsstörungen

Ausgesprochene Symptome gehen auch vom Verdauungstrakt aus. Aber auch hier sind es nicht Erscheinungen, die für das Klimakterium charakteristisch wären und sich nicht auch sonst in anderen Lebensepochen fänden. Auffallend ist eine Änderung des Geschmackssinnes. Oft sind es Klagen, daß der Geschmack an Speisen überhaupt verloren gegangen sei, jede Nahrung fad und gleichförmig schmecke und nur mit außergewöhnlich scharfen Zutaten von Gewürzen und reichlicher Salzmenge genossen werden könnte. Auch unabhängig von der Nahrungsaufnahme wird mitunter über schlechten Geschmack im Munde geklagt. Diese Störungen des Geschmackssinnes, die an jene zur Zeit der Gravidität mit der Bevorzugung stark saurer Speisen erinnern, können oft derart stark sein, daß es zu völliger Appetitlosigkeit und Abmagerung, öfters auch zu Erbrechen kommt. Dadurch mag manchmal eine Erkrankung des Magens vorgetäuscht werden, ja vielleicht selbst durch unregelmäßige, durch Appetitmangel hervorgerufene Nahrungsaufnahme und den abnormen Gewürz- und Salzgenuß zustande kommen.

Eine häufige Klage der Frauen in den Wechseljahren bezieht sich auf Störungen in der Darmtätigkeit. Sind auch sonst gerade Frauen besonders zur Obstipation disponiert, so erfährt dieses Leiden im Klimakterium eine recht häufige Verschlechterung. Dazu trägt wohl auch die in diesen Jahren so häufige Enteroptose und Verfettung des Körpers viel bei, doch ist zuweilen ein periodischer Wechsel normaler und stark darniederliegender Darmtätigkeit auffällig. In Fällen, wo durch gleichzeitige Störung des Geschmacksinnes eine ungeordnete Nahrungsaufnahme besteht, kann diese dafür mitverantwortlich gemacht werden. Die Obstipation hat öfter den Charakter spastischer Kontraktionen (G. Singer); die üblichen Mittel wirken nur langsam und unvollkommen. Doch ist auch Atonie der Darmmuskulatur bei diesen Zuständen nicht selten (Jagić). Die Stuhlverstopfung ist in der Mehrzahl der Fälle mit lästigem Meteorismus und Flatulenz verbunden, Erscheinungen, die zu Aufstoßen und kolikartigen Schmerzen führen können. Auch der Meteorismus kann anfallsweise in Form meteoristischer Attacken auftreten und ist objektiv durch den stets leicht nachweisbaren Zwerchfellhochstand feststellbar. Nimmt letzterer höheren Grad an, so kann es auch zu Respirationsstörungen und Tachykardie kommen. Diarrhoen begegnen wir im Klimakterium sehr häufig, wie sie auch sonst beim basedowoiden Symptomenkomplex mitunter vorkommen. Manchmal sind sie mit kolikartigen Schmerzen verbunden; sie treten aber ohne entzündliche Reizerscheinungen als reine Sekretionsneurosen des Darmes auf. Es kann aber auch vorkommen, daß die diarrhoischen Stuhlentleerungen mit Darmblutungen einhergehen, die Folge kapillarer Hämorrhagien sind (G. Singer). Daß aber in jedem Falle von Darmblutung auch zur Zeit der Klimax unbedingt festgestellt werden muß, ob nicht ein organisches Leiden, speziell ein Karzinom, vorliegt, ist selbstverständlich. Fast immer sind bei diesen Diarrhoen die Symptome gesteigerter Darmtätigkeit, wie lautes Kollern und Poltern im Bauch, wahrzunehmen, worüber besonders die Frauen mit schlaffen Bauchdecken häufig klagen. Auch diese diarrhoischen Zustände kommen anfallsweise vor, wie Tilt mitteilt, manchmal in regelmäßigen vierwöchigen Intervallen. Sie sind dadurch charakterisiert, daß sie bei vorher darmgesunden Frauen meist als erstes Symptom der Klimax sich einstellen und besonders hartnäckig und wenig beeinflußbar sind (G. Singer). Seit altersher schon bekannt, wurden sie lange Zeit als Ersatz für die ausgebliebene Menstruation angesehen und vor ihrer Unterdrückung wurde von vielen Autoren eindringlich gewarnt.

Wiesel erwähnt auch Analkrämpfe als quälende Beschwerden des Klimakteriums, die mit und ohne Hämorrhoiden vorkommen können und zu peinigendem Tenesmus führen.

Blasenstörungen

Auch über lästigen Harndrang wird zuweilen in dieser Epoche geklagt. Er kann durch eine abnorm reizbare Blase, die sogenannte irritable bladder bedingt sein. Man darf darunter nicht die Fälle verstehen, bei denen es durch Bakterieninvasion, die durch die Rückbildungsvorgänge am äußeren Genitale leicht möglich ist, zur Zystitis und konsekutivem Tenesmus kommt, auch alle jene Fälle, wo durch Harnröhrenkarunkel Harndrang erzeugt wird, gehören nicht hieher. Es handelt sich hier lediglich um eine funktionelle, nervöse Schädigung der Blase, wie sie sich auch sonst mitunter zur Zeit der Menstruation findet und wozu in erster Linie neurasthenische Individuen prädisponiert sind. Zystoskopisch wird meist nichts als eine Hyperämie des Blasenhalses gefunden. Vielleicht sind auch hier abnorme Kontraktionszustände der glatten Muskulatur verantwortlich zu machen.

Bronchialasthma

Anfallsweise auftretende Kontraktionen der glatten Muskulatur rufen in seltenen Fällen auch Erscheinungen in den Wechseljahren hervor, die mit starker Kurzatmigkeit einhergehen und dyspnoische Beschwerden bedingen. Es handelt sich um Krankheitsbilder, die an das Bronchialasthma erinnern und auch von Gefäßkrämpfen gefolgt sind. Meist ist aber anamnestisch zu erheben, daß derartige Zustände auch schon vor Eintritt in das Klimakterium bestanden haben und sich nur in den Wechseljahren verschlimmern.

Vom Bewegungsapparat ausgehende Störungen

Eine große Reihe von Beschwerden geht weiters auch vom Bewegungsapparat aus. Knochen, Sehnen, Muskeln und Gelenke können Sitz schmerzhafter Empfindung sein. Manchmal tritt die Schmerzhaftigkeit spontan auf, zuweilen aber ist bloß eine Druckempfindlichkeit nachzuweisen, die Folge erkennbarer pathologischer Veränderungen ist, aber auch ohne anatomisches Substrat in einer Reihe von Fällen festgestellt werden kann. Die Schmerzen werden an den verschiedensten Stellen des Körpers lokalisiert. Knochen und Gelenke der Extremitäten, Rippen, Brustbein, Wirbelsäule, Kreuz- und Steißbein werden von ihnen befallen. Häufig treten sie bei völliger Ruhe ein und verschwinden nach stärkeren Bewegungen. Manchmal wird von den Frauen angegeben, daß sie besonders das Bücken und Sitzen schlecht vertragen, und sich die Schmerzen bei Lagewechsel gewöhnlich steigern. Große Bedeutung gewinnen Schmerzen im Kreuz wegen ihrer Häufigkeit und der manchmal schwierigen differentialdiagnostischen Deutung. Für sie kommen neben der oft in den Wechseljahren auftretenden Enteroptose, die die Klimakterika des asthenischen Typus hauptsächlich auszeichnet, rheumatische und gichtische Zustände, eine eventuelle Ischias und auch Genitalerkrankungen in Betracht. Auch eine Kokzygodynie kann manchmal Ursache von Kreuzschmerzen in den Wechseljahre abgeben. Die in den unteren Extremitäten auftretenden Schmerzen bedingen zuweilen eine Behinderung beim Gehen. Sie sind vielfach durch arthritische Prozesse, Gicht und chronischen Rheumatismus hervorgerufen, aber auch Gefäßspasmen können, wie erwähnt, Ursache davon sein. In nicht so seltenen Fällen handelt es sich auch um Plattfußbeschwerden, die durch die in der Klimax häufig bestehende Gewichtszunahme und Verfettung des Körpers zustande kommen.

Neuralgien

Bekannt ist ferner das Auftreten von Neuralgien im Klimakterium, die an den verschiedensten Stellen vorkommen. Ischiadische Schmerzen wurden bereits erwähnt, aber auch Trigeminus- und Interkostalneuralgien werden beobachtet. Merkwürdig ist auch eine starke Empfindlichkeit größerer Fettanhäufungen, die sich an verschiedenen Stellen des Körpers, mit Vorliebe aber an den Knöcheln, entwickeln und als Adipositas dolorosa bekannt sind. Nicht so selten sehen wir aber auch mit dem Eintritt in das Klimakterium eine Besserung schon früher bestandener Nervenschmerzen, wie ja auch Anfälle von Hemikranie und Migräne öfters in den Wechseljahren allmählich schwinden.

Schlaflosigkeit

Vielleicht am häufigsten wird in den Wechseljahren über quälende Schlaflosigkeit geklagt, die oftmals hohe Grade erreicht und meist ihrerseits wieder Quelle weiterer nervöser Leiden sein kann. Oft ist sie durch die nachts auftretenden geschilderten Beschwerden (Wallungen, Schweiße, Meteorismus, schmerzhafte Empfindungen in Knochen und Gelenken, Parästhesien usw.) bedingt, sie kann aber auch Folge der im Klimakterium zuweilen gesteigerten sexuellen Erregbarkeit sein. Auch die im allgemeinen erhöhte Sensibilität in psychischer Hinsicht, die zu depressiven Stimmungen, ja auch zu Angstzuständen, führen kann, ist vielfach Ursache dafür. Es gelangen zwei verschiedene Arten der Schlaflosigkeit zur Beobachtung. Entweder ist der Schlaf durch die anfallsweise auftretenden Beschwerden gestört und unterbrochen, oder es besteht eine Erschwerung und Verzögerung des Einschlafens um viele Stunden. Letztgenannten Typus beobachten wir hauptsächlich dann, wenn es sich um Schlafstörungen handelt, die durch nervöse Überreiztheit bedingt sind, die oft wieder durch die mannigfachen Beschwerden sensibler Individuen hervorgerufen wird.

Hiemit wären die hauptsächlichsten und quälendsten subjektiven Beschwerden, die in dieser Zeit erhöhter Erregbarkeit und Überempfindlichkeit bei manchen Frauen auftreten können, erwähnt. Die objektiv nachweisbaren Veränderungen, die die Ursache der erörterten Klagen abgeben, sind jedoch oftmals recht geringfügig, ja sie können auch gänzlich fehlen. Aber selbst dort, wo objektiv Veränderungen erhoben werden können, ist die Entscheidung, inwieweit dieselben bloß mit dem Ausfall der Eierstockfunktion in ursächlichen Zusammenhang gebracht werden können, recht schwierig, vielfach sogar unmöglich.

Objektiv nachweisbare Veränderungen

Zu den objektiven Veränderungen, die am meisten auffallen, gehören die, welche die äußere Erscheinung der Frau betreffen. Wie schon bei Besprechung des physiologischen Ablaufes des Klimakteriums erwähnt wurde, sind dieselben keine einheitlichen. Während bei vielen Frauen in den Wechseljahren eine Neigung zu charakteristischem Fettansatz besteht, der zu dem schon Laien auffälligen Habitus führt, der die Matrone auszeichnet, tritt bei anderen eher Abmagerung und ein Hager- und Knochigwerden auf. Ursache für diese Verschiedenheit ist, wie besonders Wiesel hervorhebt, die verschiedene Konstitution der Frau, deren einzelne Typen einen verschiedenen Ablauf dieser Lebensepoche nicht nur im Gesamthabitus, sondern auch in den Beschwerden und sonstig objektiv nachweisbaren Veränderungen bedingen. Dieser Zusammenhang mit dem Klimakterium wird dadurch verständlich, wenn wir bedenken, daß der jeweilige Konstitutionstypus nicht allein durch die Keimanlage bedingt ist, sondern auch von der Tätigkeit und dem verschiedenen Auswirken der Keimzellen auf den Gesamtorganismus abhängt. Aschners Einteilung der Konstitutionsformen der Frau in Vollweiber, Mannweiber (intersexueller Typus) und Kindweiber (infantile Form) betont diese Abhängigkeit von der Funktion des Eierstocks besonders stark. Das Ausscheiden des Eierstocks und seiner bei den einzelnen Typen verschiedenen innersekretorischen Funktion während der Wechseljahre wird nun im Zusammenspiel mit den übrigen inkretorischen Drüsen verschiedene Abläufe hervorrufen. Erst mit Erreichung eines gewissen Gleichgewichtszustandes findet dann diese Epoche ihren Abschluß, und die klimakterischen Erscheinungen schwinden. Während wir über den funktionellen Zusammenhang der meisten innersekretorischen Drüsen mit der Tätigkeit des Eierstocks nichts oder nur recht wenig wissen, besitzen wir doch in bezug auf die Korrelationsfunktion der Schilddrüse mit dem Ovarium einige Vorstellung. Entsprechend diesen Verhältnissen lassen sich nach Wiesels Vorgang unschwer zwei Haupttypen aufstellen, wovon der eine auf Grund der objektiven Symptome die Annahme einer Hyperthyreose gestattet, während bei dem anderen eine Unterfunktion der Schilddrüse wahrscheinlich erscheint.

Allerdings müssen wir Eymer recht geben, wenn er der Äußerung Wiesels: „jede Frau erlebt jene Form des Klimakteriums, die ihrer Konstitution entspricht", in gewissem Sinne entgegentritt und einschränkend betont, daß es selbst bei sorgsamer Beobachtung der Einzelindividuen oftmals unmöglich ist, die einzelnen Konstitutionstypen rein zu scheiden, und wir wiederholt in die größte Verlegenheit kommen, eine Frau in eine bestimmte Kategorie einzureihen. Denn es ist sicher, daß der Konstitutionsbegriff, wie Mathes hervorhebt, alle Merkmale eines fiktiven Begriffes in sich trägt und nur etwas Gedachtes an Stelle eines Gegebenen setzt. Aber trotz der Tatsache, daß nicht zwei Menschen einander völlig gleichen, ist es ein uraltes Bedürfnis, die Menschen in charakteristische Typen einzuteilen, sie zusammenfassend zu klassifizieren und uns auf diesem Wege eine Vorstellung über die Zusammenhänge zu bilden.

Ihre Abhängigkeit von den übrigen inkretorischen Drüsen

Wenn wir demnach, dem Vorgang Wiesels folgend, die objektiven Veränderungen, die in den Wechseljahren auftreten, in Beziehung zur Funktion der Schilddrüse bringen und sie von diesem Gesichtspunkt aus betrachten, so läßt sich sagen, daß im großen und ganzen die Erscheinungen der Hyperthyreose meist bei denjenigen Individuen zur Beobachtung gelangen, die dem sogenannten intersexuellen Typus angehören, während bei Asthenischen zum mindesten im weiteren Verlauf eher Symptome und Veränderungen, die bei Unterfunktion der Schilddrüse bekannt sind, beobachtet werden können.

Die hyperthyreotische Form

Um mit der hyperthyreotischen Form zu beginnen, so sei gleich von vornherein betont, daß sie in vielen Fällen ohne das Kardinalsymptom einer Vergrößerung der Schilddrüse einhergehen kann. In manchen Fällen läßt sich jedoch eine Schwellung der Thyreoidea nachweisen, ja Schönlein, Heidenreich und andere behaupten sogar, daß Kropfentwicklung häufig in die Zeit des Klimakteriums falle, eine Ansicht, die v. Eiselsberg und v. Graff jedoch nicht für erwiesen halten. Die bestehende Struma zeigt in manchen Fällen den typischen Gefäßreichtum des Basedowkropfes, häufig finden sich jedoch harte, fibröse Knollen, welche die Vergrößerung der Schilddrüse bedingen. In einzelnen Fällen kann in den Wechseljahren aus einem einfachen Kropf eine Basedowstruma mit allen Symptomen des Basedow entstehen oder ein schon vorher bestandener Basedow in dieser Zeit exazerbieren (Blamoutier, Pineles, v. Graff u. a.).

Von den objektiv nachweisbaren Erscheinungen der Hyperthyreose, die diese Form des Klimakteriums auszeichnet, ist die Pulsbeschleunigung und krankhafte Erregbarkeit des Herzens vielleicht das häufigste Symptom. Sie ist in der Regel nicht zu allen Zeiten gleich, sondern unterliegt starken Schwankungen und tritt anfallsweise oft mitten im Schlaf auf. Sie ist mit den beschriebenen vasomotorischen Erscheinungen, den Hitzewallungen, Schweißen und Gefäßkrämpfen, vergesellschaftet. Das dabei auftretende subjektive Gefühl des Herzklopfens läßt sich auch objektiv durch den Nachweis lebhafter Herzaktion kontrollieren. Meist ist der Puls regelmäßig, doch lassen sich auch ausnahmsweise Arrhythmien feststellen. Der für die Basedowsche Krankheit charakteristische Exophthalmus fehlt in der Regel, doch gibt Wiesel an, daß sich mitunter das Moebiussche und Stellwagsche Symptom in ausgesprochener Weise findet. Hyperhidrosis, schnellschlägiger Tremor der Finger und Hände nebst anfallsweise auftretenden diarrhoischen Zuständen vervollständigen ebenso das hyperthyreotische Krankheitsbild wie gelegentlich nachweisbare geringe Erhöhungen der Körpertemperatur und das gesamte psychische Verhalten.

Die klimakterische Blutdrucksteigerung

Hier wäre vielleicht der Ort, auf die Frage der klimakterischen und präklimakterischen Hypertonie einzugehen, die sich meist bei dieser Form der klimakterischen Erscheinungen findet. Nach Schickeles Angaben läßt sich in 80% aller an klimakterischen Ausfallssymptomen leidenden Frauen eine Erhöhung des Blutdruckes nachweisen. Sie ist recht bedeutend und die dabei in der Literatur sich findenden Angaben schwanken zwischen 140 bis 200 nach Riva-Rocci. Schickele sieht in dem Ausfall der vom Ovarium gelieferten vasodilatatorischen und blutdruckherabsetzenden Substanzen die Ursache der Steigerung, die er als Ausdruck eines gesteigerten Sympathikustonus auffaßt, und ist der Meinung, daß wir es dabei mit einer typischen ovariellen Ausfallserscheinung, wie etwa mit Wallungen und Schweißen, zu tun haben. In diesem Sinne spräche auch der Adrenalinversuch Christofolettis, der bei Kastrierten mit unterschwelligen Adrenalindosen nebst Tachykardie auch Hypertonie feststellen konnte. Heute steht jedoch fest, daß das Zondeksche Follikulin, das einzig biologisch auswertbare Ovarialhormon, welches wir kennen, keinerlei Einfluß auf den Blutdruck besitzt.

Auf Grund klinischer Beobachtungen betont besonders auch Wiesel, dem sich Schlesinger, Kisch, Culbertson u. a. anschließen, daß gerade im Klimakterium genug Fälle zur Beobachtung kommen, die Symptome erhöhter Sympathikuserregbarkeit aufweisen, ohne daß eine Blutdrucksteigerung zu beobachten wäre. Sie alle lehnen deshalb den Begriff des klimakterischen Hochdruckes ab. Dubois und Walthardt sehen in der Drucksteigerung den Ausdruck einer schon lange vor dem kritischen Alter bestandenen psychoneurotischen Anlage.

Was die Drucksteigerung als solche anlangt, so tritt sie im Klimakterium meist anders auf als in anderen Altersepochen. Sie ist keineswegs kontinuierlich, sondern das Schwanken des Blutdruckes innerhalb beträchtlicher Werte und oft kurzer Zeit ist das für das Klimakterium Charakteristische (Wiesel). Die weiteren Untersuchungen ergeben dann in der Regel, daß die Erhöhung des Blutdruckes mit den geschilderten vasomotorischen Anfällen und Krampfzuständen der Gefäße zusammenfällt, so daß die Ansicht, daß die Schwankungen und temporären Druckerhöhungen durch diese Attacken hervorgerufen werden, wahrscheinlich ist.

Trotzdem ist die Beurteilung der Ätiologie dieser Erscheinung besonders schwierig, da alle anderen eine Steigerung des Blutdruckes hervorrufenden Erkrankungen, die zeitlich oft mit den Wechseljahren zusammenfallen, sicher ausgeschaltet werden müssen. Dies gilt insbesondere von der Nephritis und arteriosklerotischen Erkrankungen der Gefäße. Besonders letztere, die im Beginn ähnliche kardiovaskuläre Symptome bieten, müssen immer in differentialdiagnostische Erwägung gezogen werden. Denn wie ganz anders kann die Prognose gestellt werden, wenn Arteriosklerose als ätiologischer Faktor nicht in Betracht kommt.

Doch ist eine Trennung klinisch meist nicht leicht, oft sogar unmöglich. Munk ist der Ansicht, daß die anfänglich „reversiblen alterativen Vorgänge" an den Gefäßen (Gefäßkrisen) zunächst eine vorübergehende Erhöhung des Blutdruckes bewirken. Die aber dadurch bedingte starke Inanspruchnahme der Gefäßwände kann zu „irreversiblen" Schädigungen (hyaliner Degeneration) und permanenter Hypertonie führen. Auch Jagić ist trotz v. Jaschke, der mit Recht zur Vorsicht mit dem Ausdruck Cardiopathie de la menopause warnt, der Meinung, daß organische Veränderungen am Herzen und an den Gefäßen als alleinige Folge des Klimakteriums nicht so selten sind, und Übergänge von klimakterischen Herz- und Gefäßveränderungen zu arteriosklerotischen vorkommen. Am Herzen können die funktionellen Störungen der Wechseljahre zu Dilatation und Hypertrophie des Herzmuskels führen. Wenn auch die Möglichkeit derartiger Schädigungen nicht geleugnet werden kann, so muß doch anderseits nachdrücklich betont werden, daß in jenen Fällen, wo der Blutdruck in den Wechseljahren dauernd erhöht ist, sich fast immer anderweitige Ursachen für die bestehende Hypertonie finden. Eine genaue Untersuchung und ein Fahnden nach derartigen blutdrucksteigernden Prozessen ist deshalb immer geboten. Oft allerdings kann die klimakterische Ätiologie erst sichergestellt werden, wenn nach Schwinden der übrigen Erscheinungen der Wechseljahre auch der Blutdruck wieder zu sinken beginnt.

Die Auswirkung des beschriebenen hyperthyreotischen klimakterischen Krankheitsbildes auf die äußere Erscheinung ist keine völlig einheitliche. Oft findet sich eine Abmagerung und Erhöhung des Grundumsatzes, manchmal ist aber auch eine Verstärkung des Fettansatzes und Herabsetzung des Stoffwechsels trotz der geschilderten hyperthyreotischen Form festzustellen. Letzteres ist besonders bei kleinen fetten Individuen der Fall, die intersexuelle Züge tragen und die auch außerhalb dieser Lebensepoche zu hyperthyreotischen Krisen neigen.

Die hypothyreotische Form

Gänzlich anders verläuft das Klimakterium in jenen Fällen, bei denen Erscheinungen und Symptome zustande kommen, die an eine Unterfunktion der Schilddrüse erinnern. Besonders Gluzinski und Curschmann haben diesen Verlauf der Wechseljahre studiert und denselben in Beziehung zu myxödematösen Erkrankungen gebracht. Allerdings muß dabei hervorgehoben werden, daß das hypothyreotische Klimakterium nur selten einheitlich unter dem Bilde einer Unterfunktion der Schilddrüse verläuft; es ist vielmehr meist anfänglich von Zeiten unterbrochen, in denen deutliche Zeichen einer Hyperthyreose nachweisbar sind. Die Schilddrüse ist meist von normaler Größe und selbst das ausgesprochene Bild eines Myxödems ist gelegentlich zu beobachten, ohne daß es zu anatomischen Veränderungen an der Schilddrüse gekommen wäre (Gluzinski).

Das erste objektive Symptom bei diesem Ablauf der Wechseljahre ist meist ein erhöhter Fettansatz, der aber im allgemeinen gleichmäßig auftritt und nicht die charakteristische Fettablagerung der Matrone aufweist. Dazu gesellt sich in der Regel eine auffallende Bequemlichkeit und Apathie, die ihrerseits wieder die Körperverfettung begünstigt. Auch eine Abnahme der geistigen Lebhaftigkeit und Gedächtnisschwäche ist zu konstatieren. Jene Frauen klagen wohl auch über Wallungen, aber anfallsweise auftretende Schweiße und eine Hyperhidrosis fehlen völlig. Im Gegenteil, die Haut ist auffallend trocken und glanzlos, meist leicht schuppend. Nicht selten findet sich ausgesprochene Ödembereitschaft, die Curschmann für thyreogen bedingt hält; auch myxödematöse Schwellungen im Gesicht, das dadurch eine Ähnlichkeit mit dem Nierenkranker erhält, lassen sich ab und zu beobachten.

Die hypothyreotischen Frauen sind es, die hauptsächlich über Wallungen und Opressionsgefühle im Thorax mit Angstzuständen klagen, die mit ausstrahlenden Schmerzen nach den verschiedenen Körpergegenden verbunden sein können. Sie sind Trägerinnen von Vasalgien, die hauptsächlich an den unteren Extremitäten auftreten; sie neigen zu quälenden Hautprozessen und Erkrankungen der Gelenke. Auch Enteroptose, die zu Rücken- und Kreuzschmerzen führt, ist nicht selten. Durch die oft erhebliche Gewichtszunahme kann es zu Plattfußbeschwerden kommen. Dazu treten noch atonische Zustände im Magen- und Darmtrakt mit Obstipation und hochgradigem Meteorismus. Von objektiven Symptomen sei erwähnt, daß es bei dieser Verlaufsform zu keiner Pulsbeschleunigung kommt. Die Herzaktion ist im Gegenteil verlangsamt und träge, oft fast unhörbar leise. Die nicht selten auftretenden Pulsarrhythmien werden aber im Gegensatz zum hyperthyreotischen Klimakterium, bei dem sie als äußerst belästigend empfunden werden, wenig oder gar nicht wahrgenommen. Der Blutdruck zeigt in diesen Fällen keinerlei Schwankungen, er ist gleichmäßig niedrig. Am Herzen sind nicht so selten Zeichen der Schädigung und Insuffizienz nachweisbar, die Folge einer fettigen Degeneration des Herzmuskels sind, wozu gerade diese Frauen, die zu besonderem Fettansatz im Klimakterium neigen, disponiert sind. Diese Verlaufform neigt auch wesentlich mehr zu bleibenden Gefäßveränderungen im Sinne einer allgemeinen Gefäßsklerose als der ersterwähnte Typus und ist daher prognostisch entschieden ungünstiger als das hyperthyreotische Klimakterium zu beurteilen. Die Magenstörungen gehen öfter mit Sub- oder Anazidität einher (Kuttner, Dalché), die therapeutisch schwer zu beeinflussende Darmatonie und Obstipation führt in vielen Fällen zu Hämorrhoidalbildungen. Als weiteres Symptom im Bereich des Verdauungstraktes gibt Wiesel an, daß bei diesen Frauen besonders leicht und rasch die Zähne ausfallen, was Ursache komplizierender gastrointestinaler Erkrankungen sein kann. Herrmann beschreibt eine schmerzhafte Anschwellung, die während der Wechseljahre am Zungenrand und in der Zungenspitze auftrat und in kleinzelliger Infiltration der Papillae foliatae und Papillae filiformes bestand. Sie konnte durch Verabfolgung von Ovarialpräparaten in drei Fällen zum Schwinden gebracht werden. Allerdings geht aus der Arbeit nicht hervor, ob es sich tatsächlich um

Verlaufsformen des Klimakteriums gehandelt hat, die den beschriebenen Typus aufwiesen. Zu erwähnen wäre noch, daß bei diesen Frauen, die vielfach asthenische Konstitution zeigen, in den Wechseljahren sich Varikositäten an den unteren Extremitäten entwickeln können oder, wenn schon bestehend, sich besonders in dieser Zeit ausbreiten. Verantwortlich dafür sind neben der durch Enteroptose und Obstipation bedingten Stauung des venösen Abflusses im kleinen Becken auch die im Klimakterium auftretenden Blutverschiebungen, die sich als Wallungen kundtun und Dehnungen der Gefäßwandungen bedingen. Wiesel hebt besonders hervor, daß sich häufig um diese Zeit die ersten Anfänge beginnender Phlebosklerose an den Venektasien zeigen, die mit ihren Folgen im Sinne von Thrombenentwicklung, schmerzhaften Sensationen und Geschwürsbildungen oft in diesen Jahren zu beobachten sind. Daß gerade bei dieser Form des Klimakteriums sich relativ häufig Übergänge zu sklerotischen Gefäßveränderungen finden, wurde bereits hervorgehoben. Dies kann vielleicht mit den interessanten Versuchsergebnissen v. Eiselsbergs, der Verkalkungen von Gefäßen bei thyreoidektomierten Tieren nachwies, in Einklang gebracht werden. Auch die in diesen Jahren einsetzende allgemeine Körperverfettung und Cholesterinämie mag neben der Überbeanspruchung der Gefäße durch Gefäßkrämpfe das Auftreten arteriosklerotischer Prozesse anbahnen und fördern.

Von Wichtigkeit sind weiters zahlreiche Veränderungen, die sich an der Haut, den Muskeln, Knochen und Gelenken finden. Zwar ist nicht allein dieser Typus des Klimakteriums davon betroffen, doch treten Erkrankungen dieser Organe bei letztgenannter Verlaufsform derart häufig auf, daß ihre Besprechung hier gerechtfertigt erscheint. Bei allen derartigen Störungen aber, die in den Wechseljahren an der Körperbedeckung und am Bewegungsapparat vorkommen, spielt das Erlöschen der Keimdrüsenfunktion nur eine auslösende und begünstigende Rolle. Keine dieser Erkrankungen aber ist für den genannten Zeitabschnitt charakteristisch, fast alle sind auch in sonstigen Lebensperioden bekannt.

Krankheiten der Haut während der Wechseljahre

Was vorerst die Veränderungen der Haut anlangt, die häufig im Klimakterium auftreten, so sei auf die im Unterhautzellgewebe sich abspielenden Fettablagerungen und mannigfachen Pigmentanhäufungen noch einmal hingewiesen, die zum charakteristischen klimakterischen Habitus der Matrone führen. Hier sollen aber eine Anzahl von Erkrankungen der Haut besprochen werden, die mit dem Klimakterium von vielen Autoren in ursächlichen Zusammenhang gebracht werden.

Wohl die gewöhnlichste der hierher gehörigen Affektionen ist die Bildung von Akneknötchen, deren Abhängigkeit von der Geschlechtsfunktion aus dem häufigen Auftreten derselben zur Zeit der Pubertät und Klimax klar ersichtlich ist. Schon seit langem ist es bekannt, daß die Acne rosacea in vielen Fällen in der Klimax beginnt und teils auf klimakterische Wallungen, teils auf innersekretorische Störungen der

Talgdrüsenfunktion zurückgeführt werden muß. Auch über gelegentliches Auftreten einer Furunkulose in diesen Jahren wird berichtet, wobei ein ursächlicher Zusammenhang mit dem Erlöschen der Eierstocktätigkeit nicht ausgeschlossen erscheint (Börner, Scheuer). Durch die in dieser Zeit auftretenden Zirkulationsstörungen, die dank der großen Labilität des Vasomotorenapparates zustande kommen, sind die flüchtigen Erytheme der Haut bedingt, die bei den Wallungen meist beobachtet werden können. Zirkulationsstörungen sind es auch, die an den Händen zu lokaler Zyanose führen und als sogenannte „tote Finger" bekannt sind. Sie bedingen nicht so selten eine ödematöse Schwellung der Haut der Phalangen und rufen Ekzeme und Erkrankungen der Nägel durch mangelhafte Ernährung hervor. In der Literatur verstreut finden sich weiters Mitteilungen über Hautblutungen im Klimakterium, die zur Zeit der fälligen Menses auftreten können und als vikariierende Menstruation aufgefaßt werden. Gleichfalls seltene Vorkommnisse sind das Auftreten eines Pemphigus mit Eintritt in die Wechseljahre (Veiel, Bernhard, Cunnings) und von Kavernomen der Haut (Joseph), die plötzlich mit Versiegen der Ovarialtätigkeit zur Entwicklung kommen. Auch verschiedene Arten von Herpes, besonders der Herpes zoster und Herpes progenitalis sind dem Klimakterium eigentümlich. Auch sie kommen in vielen Fällen zur Zeit der ausbleibenden Menstruation zur Beobachtung. Wiederholt konnte ferner das Auftreten ausgebreiteter Xanthome in der Klimax festgestellt werden. Chvostek hat darauf verwiesen, daß ein Ikterus jahrelang bestehen kann, ohne zur Xanthombildung zu führen, bis es zur Zeit der Klimax zum Ausbruch der xanthomatösen Hautveränderung kommt.

Eine große Rolle spielen weiters juckende Hauterkrankungen. Auf das Vorkommen nässender Ekzeme, besonders am Kopf, hat schon Kisch aufmerksam gemacht, und eine Reihe von Autoren (Börner, Hebra, Rayer) beschrieben Fälle, bei denen es im Kapillitium und an den Ohren zu lebhaft juckenden, nässenden Ausschlägen in den Wechseljahren kam, die sich durch besondere Hartnäckigkeit auszeichneten. Auch das Aufschießen juckender Quaddeln (Urtikaria) wird in den Wechseljahren vielfach beobachtet (Börner), und Merklen gibt an, daß diese Zeit besonders dafür disponieren soll. Auch Hebra und Kaposi heben hervor, daß die Urtikaria oft unverkennbar mit Zuständen des Genitales in Zusammenhang gebracht werden muß. Bemerkenswert sind jene Fälle, in denen die Urtikariaquaddeln jedesmal zu der Zeit auftreten, in der die Menses hätten eintreten sollen. Auf die juckenden Hauterkrankungen im Bereich des Genitales, die für diese Epoche charakteristisch sind, wurde bereits hingewiesen. Zu erwähnen wäre noch die hauptsächlich bei der hyperthyreotischen Form des Klimakteriums vorkommende Miliaria, die Folge der starken Schweißausbrüche ist und in Form kleiner Exkreszenzen häufig den ganzen Stamm bedeckt. Weiter berichten Mosler und Forget über das Auftreten von Sklerodermie in den Wechseljahren, die mit starker Schrumpfung und trophischen Störungen der Weichteile und Haut einhergeht. Die Ursache

dieser seltenen Erkrankung ist auch heute noch nicht klar, doch wird
sie mit Störungen der Hypophysenfunktion und Eierstocktätigkeit
in Zusammenhang gebracht, da fast ausschließlich das weibliche Ge-
schlecht von ihr befallen wird und die Krankheit mit Vorliebe in der
Pubertät, Schwangerschaft und im Klimakterium auftritt. Der bei der
hypothyreotischen Form des Klimakteriums vorkommenden Hautveränderungen wurde bereits gedacht und darauf hingewiesen, daß
oftmals eine leichte Schuppung der trockenen, auffallend weißen, wachs-
artigen und verdickten Haut zu beobachten ist. In einer Anzahl von
Fällen lassen sich sogar typische myxödematöse Schwellungen nachweisen, die besonders am Gesicht und an den Extremitäten auftreten
und auf Änderungen der Quellungsverhältnisse und des Wasseraufnahme-
vermögens des Bindegewebes zurückzuführen sind. Schließlich wäre
noch ein seltenes Krankheitsbild zu erwähnen, das sich zwar nicht ausschließlich in der Haut, sondern hauptsächlich im Unterhautzellgewebe
abspielt, aber fast regelmäßig mit myxödematösen Hautveränderungen
einhergeht. Es ist dies eine eigentümliche schmerzhafte Anschwellung
im Bereich der Knöchel, die durch Zunahme des Unterhautfettes zustande kommt und erstmalig von Dercum bei typischem Myxödem
beschrieben wurde. Mitigierte Formen dieser sogenannten Adipositas
dolorosa sind nach Beobachtungen von v. Jaschke, Wiesel und einer
Reihe anderer Autoren nicht ganz so selten.

Erkrankungen der Muskeln und Gelenke

Von Wichtigkeit sind ferner noch Veränderungen, die sich objektiv
am Bewegungsapparat finden. Während über Schmerzen in den Knochen
in den Wechseljahren nicht so selten geklagt wird, so scheinen doch
dieser Epoche eigentümliche Prozesse am Skelett nicht vorzukommen.
Zwar finden sich in der älteren Literatur vereinzelte Mitteilungen über
Osteomalazie im Klimakterium; neuere röntgenologische Untersuchungen
in derartigen Fällen ließen jedoch einen spezifischen anatomischen
Befund vermissen. Das gleiche gilt für verschieden lokalisierte Knochen-
schmerzen, die in den Knochen der Unterschenkel, der Rippen, im Steißbein usw. nicht so selten auftreten. Durch die in diesen Jahren auftretende, oft hochgradige Gewichtszunahme kommt es in einer Reihe
von Fällen zur Entwicklung eines Plattfußes, der verschiedenste, oft
recht lästige Beschwerden und Schmerzen bedingen kann.

Von ungleich größerer Bedeutung sind Erkrankungen der Gelenke,
die im Klimakterium überaus häufig sind, deren Ursache aber noch
völlig im Dunkeln liegt. Die wichtigste Form der klimakterischen Gelenkserkrankungen ist die von Menge beschriebene Arthropathia ovaripriva,
die nicht selten nach Ausfall der Eierstocktätigkeit zur Beobachtung
kommt. Die Affektion sitzt am häufigsten im Kniegelenk, etwas seltener
im Schultergelenk, zuweilen sind auch die Fingergelenke beteiligt, ja
auch das Drehgelenk der Halswirbelsäule kann davon ergriffen sein.
Charakteristisch für diese Erkrankung ist, daß sie fast immer bilateral
symmetrisch auftritt, so daß, wenn z. B. das rechte Knie davon befallen

ist, in einiger Zeit fast mit Sicherheit das Gelenk der anderen Seite davon betroffen wird. Während meistens die subjektiven Beschwerden geringfügig sind, so kann es doch zu ausgesprochenen Schmerzen mit starker Einschränkung der Beweglichkeit kommen. Objektiv findet sich ein Reiben und Knarren, das bei passiven Bewegungen deutlich fühlbar, gelegentlich auch gehört werden kann. In den meisten Fällen schwindet die Erkrankung nach längerem Bestehen von selbst, sie kann aber auch jahrelang bestehen bleiben. Die Abgrenzung dieser Affektion von dem Bild einer gewöhnlichen Arthritis deformans ist sowohl durch das symmetrische Auftreten der Veränderungen als auch durch den Umstand gegeben, daß die Arthritis deformans im Gegensatz zur Arthropathia ovaripriva wesentlich stärkeren progressiven Charakter hat und mit Deformitäten und sogar Ankylosen ausheilt.

Zweifellos auseinanderzuhalten von dieser Form der Gelenkserkrankung ist die Arthritis genuina sicca ulcerosa nach Munk, die nach diesem Autor mit dem Klimakterium in direktem Zusammenhang steht und meist bei der hyperthyreotischen Form gemeinsam mit hypertonischen Zuständen auftritt. Es handelt sich um chronisch verlaufende Gelenksprozesse, die an den Phalangen auftreten und mit Schwellungen, Auftreibungen und Kapselverdickungen einhergehen, denen im Röntgenbild Knochenzerstörungen an den Metakarpalknochen ohne entzündliche periarthritische Infiltration der Weichteile entsprechen. Diese Erkrankung ist aufs schärfste von der klimakterischen Pseudogicht (Pineles) zu trennen, die nicht selten nach Erlöschen der Katamenien unter Bildung der sogenannten Heberdenschen Knötchen auftritt. Es sind dies weiche, später harte, bis erbsengroße Knötchen, die anfänglich mehr aus Knorpel- später aus Knochengewebe bestehen und eine Art Osteophytbildung darstellen. Bei dieser Erkrankung kommt es zu Hypertrophie der knöchernen Gelenkanteile, wobei sich unter Degeneration des Knorpelgewebes eine Ankylose auf dem Boden entzündlicher Veränderungen ausbildet. Lange Zeit mit chronischer Gicht zusammengeworfen, läßt sie sich heute von echter Gicht durch röntgenologische Untersuchung sicher trennen. Während Pineles, v. Jaschke, Russel und Archer diese Veränderungen mit den Wechseljahren in Zusammenhang bringen, glaubt Wiesel, daß es sich dabei eher um eine Alterserkrankung handelt und dem Ausscheiden der Ovarialfunktion allein keine ursächliche Bedeutung beizumessen ist. Von Interesse erscheint auf alle Fälle die Tatsache, daß die therapeutische Anwendung von Ovarialtabletten meist ohne Nutzen ist, während Huzinsky gute Erfolge mit Thyreoidin erzielen konnte.

Von Wichtigkeit ist ferner eine von Erkältungs- und traumatischen Einflüssen mehr oder weniger unabhängige, ursächlich mit endokrinen Vorgängen und Stoffwechselanomalien strenge zusammenfallende, chronisch indurative Periarthritis der Kreuzbeinbeckenfuge, auf die di Gaspero aufmerksam macht. Sie tritt mit Vorliebe im Klimakterium auf, aber auch nach Schwangerschaft, endogener Fettsucht und Harnsäurediathese pflegt sie vorzukommen. Schleichend verlaufend entwickelt sich frei von infektiösen Momenten eine chronische Entzündung in den periartikulären Gebilden mit ödematöser Durchtränkung und Aufquellung und späterer konsekutiver Kapselverdickung und Schrumpfung. Der hyaline Knorpelbelag bleibt in der Regel ganz intakt oder verändert sich nur wenig und spät. Gelegentlich kommt es im periartikulären Gewebe zu Ablagerungen kohlensauren Kalkes. Die beschriebene Affektion des Sakroiliakalgelenkes tritt ebenso häufig einseitig als doppelseitig auf und findet sich nicht selten mit analogen Erkrankungen anderer Gelenke, zumal der Kniegelenke. Die Klagen der meist hypothyreotischen asthenischen Patientinnen bestehen der Hauptsache nach in Kreuzschmerzen, die auch in der Ruhe häufig nicht aufhören und durch bestimmte Bewegungen an Intensität zunehmen. Besonders unangenehm wird das Aufstehen vom Sitzen und das Aufrichten des gebeugten Oberkörpers empfunden, während das Gehen sogar Erleichterung bringen kann. Ein nahezu konstantes Symptom ist der Pressungsschmerz bei seitlichem Zusammenpressen des Beckens. Auch Haltungsanomalien, welche an Ischias gemahnen, finden sich häufig.

Aber nicht nur an den Gelenken, auch an den Muskeln, Sehnen und Nerven treten in manchen Fällen in den Wechseljahren Erkrankungen auf. Speziell scheint diese Zeit für den sogenannten „Muskelrheumatismus" besonders zu inklinieren. Während bei der hyperthyreotischen Form die starken Schweißausbrüche und durch sie hervorgerufene Erkältungsmomente mitverantwortlich gemacht werden können, ist die Genese dieser Erkrankung bei hypothyreotischem Ablauf des Klimakteriums, bei dem Schweiße nicht vorzukommen pflegen, gänzlich unklar. Es finden sich Schmerzen „hexenschußartigen" Charakters, die besonders in der Schulter- und Rückenmuskulatur auftreten, woselbst bei sorgfältiger Untersuchung das Bestehen größerer und kleiner Muskelknoten mit ausgesprochener Muskelkontraktur festgestellt werden kann. Erwähnt wurde bereits das Vorkommen verschiedenster Neuralgien in diesen Jahren, besonders solcher im Gebiet des Nervus ischiadicus und der Nervi intercostales. Diese Neuralgien gehen mit den für diese Erkrankung typischen Druck- und Schmerzpunkten einher und bilden dort, wo sie vorkommen, ein hartnäckiges, schwer zu beeinflussendes Leiden.

Erkrankungen der Sinnesorgane

Durch die öfter in den Wechseljahren bestehenden Umwälzungen auf dem Gebiet der inneren Sekretion und des Stoffwechsels kann es auch zu Erkrankungen der Sinnesorgane kommen, oder es können bereits bestehende Krankheiten sich unter den genannten Einflüssen verschlimmern. Durch statistische Untersuchungen erscheint nachgewiesen, daß sich in diesen Jahren die größte Anzahl von Augenerkrankungen findet, und Berger-Löwy, González, Lohmann u. a. bringen chronische Bindehautkatarrhe, konjunktivale Blutungen, Episkleritis, Chorioiditis, Glaukom und Erkrankungen des Sehnerven, die in dieser Zeit auftreten, mit dem Erlöschen der Menstruation in Zusammenhang.

Da sich jedoch eine Häufung der erwähnten Augenerkrankungen vielfach auch bei Männern desselben Alters findet, betrachtet v. Jaschke ihr Zusammentreffen mit dem weiblichen Klimakterium als ein rein zufälliges und die Annahme eines Kausalzusammenhanges oft als eine recht willkürliche. Aschner hingegen ist der Meinung, daß es nicht so sehr die in dieser Zeit auftretenden Zirkulationsstörungen sind, welche Blutungen, Entzündungen und krankhafte Ausscheidungen am Auge hervorrufen, sondern daß Stoffwechselgifte bzw. qualitative Veränderungen des Blutes dafür verantwortlich gemacht werden können. Uns erscheint die Auffassung v. Jaschkes wesentlich besser begründet, wenngleich man Konjunktivitiden, Tränenträufeln und Flimmerskotomen nicht selten in dieser Zeit begegnet. Aschner führt auch in den Wechseljahren auftretende Erscheinungen, die mit hochgradigem Schwindel, Üblichkeit und Erbrechen einhergehen und die als Ménièrescher Symptomenkomplex bekannt sind, auf qualitative und quantitative Veränderungen des Blutes im Klimakterium zurück. Kausale Zusammenhänge lassen sich aber nur dann aufstellen, wenn es sich pathologisch-anatomisch um Blutungen in die Bogengänge handelt, die mit Folge vasomotorischer Störungen der Klimax sein können.

Blut- und Stoffwechselerkrankungen

Auch der hämatopoetische Apparat wird durch die Störungen der inneren Sekretion in Mitleidenschaft gezogen. Nach Jagić und Hickl finden sich öfters niedrige Werte für Erythrozyten und Hämoglobin, die fließende Übergänge vom Physiologischen zum Pathologischen darstellen können. Eine von Jagić und Spengler beschriebene Anämie, die als hypochrom aplastisch zu bezeichnen ist, bei welcher der Hämoglobingehalt stärker als die Erythrozytenwerte sinkt, so daß ein Färbeindex unter 1 resultiert und bei welcher eine Tendenz zur Leukopenie und Mangel an Regenerationserscheinungen der Erythrozyten als Zeichen einer Hypofunktion des hämatopoetischen Apparates aufzufassen sind, soll für das Klimakterium charakteristisch sein. Adler und Dirks fanden eine Herabsetzung der Zahl der Eosinophilen, wie sie erhöhtem Sympathikustonus entspricht. Adler fand weiters eine deutliche Verzögerung der Blutgerinnung. Nach Heimanns Untersuchungen tritt auch eine Lymphozytose des Blutes auf, die durch den Ausfall lymphozytosehemmender Substanzen des Ovariums zustande kommen soll. Überleitend zu den Stoffwechselveränderungen des Klimakteriums, von denen wir noch recht wenig wissen, sei bemerkt, daß Hermann und Neumann im Klimakterium eine Lipoidämie nachgewiesen haben, wodurch die Möglichkeit der Entstehung echter endogener Fettsucht zu dieser Zeit wahrscheinlich erscheint. Überdies ist der Befund mit Rücksicht auf den Zusammenhang dieser Epoche mit arteriosklerotischen Veränderungen der Gefäße von Bedeutung. Adler und Kehrer haben den Blutkalkspiegel im Klimakterium geprüft, konnten jedoch keine einheitlichen Befunde erzielen. Untersuchungen Liebesnys, der Grundumsatzbestimmungen an 73 Frauen im klimakterischen Alter vornahm, ergaben, daß vor allem der hyperthyreotische Typus einen gesteigerten Stoffwechsel aufweist, während der hypothyreotische niedrige Grundumsatzwerte zeigt, Befunde, die mit den klinisch erhobenen Tatsachen in guter Übereinstimmung stehen.

Psychische Störungen und Geisteskrankheiten

Es wurde schon erwähnt, daß in den Wechseljahren selbst bei normalem physiologischen Ablauf vorübergehende Störungen des psychisch-nervösen Gleichgewichtes meist nicht ausbleiben. In weit stärkerem Grad ist dies bei pathologischem Ablauf der Klimax der Fall, und es ist kein Zweifel, daß die in dieser Zeit auftretenden psychischen Phänomene und die zahlreichen Störungen in körperlicher Hinsicht einander stark beeinflussen. Welcher der beiden Komponenten größere Bedeutung beizumessen ist, kann schwer im allgemeinen entschieden werden. Von Walthardt wird, wie schon hervorgehoben, die Meinung vertreten, daß selbst eine Reihe von Symptomen, die von anderen als endokrin bedingte Störungen und Ausfallserscheinungen gedeutet werden, als psychoneurotisch bedingt angesehen werden müssen und Folgen des Einflusses sind, den die Großhirnrinde auf das viszerale Nervensystem ausübt. Sicher ist, daß eine in den Wechseljahren oftmals gesteigerte Erregbarkeit des Zentralnervensystems bei dazu veranlagten psychoneurotischen Individuen zu starker Überwertung der im Klimakterium auftretenden Störungen führt und in allen möglichen Körperteilen Schmerzen (Psychalgien) und eine Erhöhung der Empfindlichkeit (psychische Hyperästhesie) hervorruft. Neurasthenische Patientinnen, die schon in früherem Lebensalter reizbar, launisch, empfindsam und hypochondrisch sind, sind es, die von den schwersten Belästigungen im Klimakterium heimgesucht werden.

Veranlaßt sind diese psychischen Störungen, die sich durch eine erhöhte Labilität der Gemütsstimmung mit ausgesprochener Neigung zu Depressionen kundtun, oftmals allein durch die Tatsache des Erlöschens der Sexualfunktion. Namentlich auf kinderlose Frauen, die sich im Leben keinen Pflichtenkreis geschaffen und von Anfang an eine starke Sinnlichkeit gehabt haben, kann diese Erkenntnis verhängnisvoll wirken und besonders dann, wenn die falsche Voraussetzung besteht, daß mit dem Erlöschen der Menstruation das gesamte Geschlechtsleben der Frau erlischt, ähnlich wie etwa Kastration oder Impotenz des Mannes schwere Minderwertigkeitsgefühle und ernste Depressionszustände hervorrufen, die oftmals mit Suizidgefahr verbunden sind. Auch kann es als feststehend betrachtet werden, daß die den Frauen vielfach durch Lektüre medizinischer Schriften oder vom Hörensagen bekannten Gefahren und Leiden, die in den Wechseljahren auftreten können, speziell auf neurasthenisch-hypochondrisch veranlagte Menschen einen tiefen Eindruck machen, übermäßig gewertet werden und dadurch Störungen des seelischen Gleichgewichtes bedingen. Speziell die vielfach selbst in sogenannten gebildeten Kreisen vertretene Meinung, daß durch das Aufhören der menstruellen Blutausscheidung gewisse toxische Stoffe

(Menotoxine) im Körper aufgespeichert werden, die häufige und mannigfache Krankheiten beim Weibe bewirken, ist geeignet, depressiv-melancholische Zustände auszulösen. Hand in Hand mit dieser gedrückten ängstlichen Verstimmung geht eine allgemeine Müdigkeit, die sich in Unentschlossenheit, Apathie, erschwertem Denken und Abnahme des Gedächtnisses äußert. Aber auch eine gewisse gesteigerte Reizbarkeit, Ungeduld und Rastlosigkeit kann an den Tag treten und sich öfter unangenehm bemerkbar machen.

Die eben besprochenen psychogenen Zustände sind aber noch nicht das, was man eigentlich unter klimakterischen Psychosen versteht und die bis zu einem gewissen Grade für das Klimakterium charakteristisch sind. Es sind zwei verschiedene Formen von Geistesstörungen, welche die Psychiatrie kennt und die sie als Rückbildungsmelancholie und Involutionsparanoia bezeichnet.

Die Abgrenzung der als Rückbildungsmelancholie bezeichneten Geistesstörung gegenüber dem manisch-depressiven Irresein ist noch keine völlig einheitliche, doch steht fest, daß es sich um eine endogene, erbbiologisch präformierte, bislang latent gebliebene Psychose handelt. Sie tritt unter dem Bilde manisch-melancholischer Mischzustände auf, die sich in lautem Klagen und Jammern nebst rastlosem Umherrennen äußern und hochgradige Angstzustände bedingen. Die klimakterischen Melancholien ziehen sich meist lange Zeit hindurch hin und können Jahre hindurch anhalten. In der überwiegenden Mehrzahl der Fälle kommt die Krankheit aber doch zur Heilung, wenn auch nicht so selten eine Herabsetzung der geistigen Fähigkeiten, die aber auf senile und arteriosklerotische Einschläge zurückgeführt werden muß, zurückbleibt.

Die zweite Form klimakterischer Geistesstörung, die als Involutionsparanoia bezeichnet wird, befällt in der Regel Individuen, die von jeher für gefühlsbetonte Ereignisse stark ansprechbar waren, erregbare, empfindsame Menschen, die alle Erlebnisse mit starker Ichbezüglichkeit verarbeitet haben. Auch hier ist die klimakterische Involution nur auslösende Ursache der Erkrankung bei psychopathischer, paranoid gefärbter Anlage. Für derartige Frauen ist der Eintritt in die Wechseljahre ein schwerer Schlag. Sie empfinden, daß sie alt werden und daß sie mit der herankommenden jungen Generation nicht mehr Schritt zu halten vermögen. Die stark egozentrische Einstellung derartiger Frauen verleitet zur Wahnidee, daß sie überall beeinträchtigt werden, sie fühlen sich zurückgesetzt, als alt und unbrauchbar bei Seite geschoben, nur mehr geduldet. Eifersuchts-, Verfolgungs- und Vergiftungsideen mit halluzinatorischen Wahnvorstellungen finden sich bei derart geistesgestörten Frauen häufig. Eine Heilung dieser vielleicht auch durch arteriosklerotische Hirnveränderungen bedingten Geisteskrankheit kommt in der Regel nicht vor. Wohl treten die Wahngedanken manchmal in den Hintergrund, sie werden aber nicht korrigiert und nicht als irrige, wahnhafte Vorstellungen empfunden.

Auch katatonische Zustände treten manchmal in den Wechseljahren auf, mitunter auch eine Dementia paranoides. Beide Erkrankungen gehören aber nach Ewald, dem ich in der Beschreibung der klimakterischen Psychosen folge, bereits einer späteren Lebensepoche an und haben zum Klimakterium keine sicheren Beziehungen mehr.

Hiemit wären wir am Schlusse der Beschreibung der subjektiven und objektiven Veränderungen, die am Gesamtorganismus bei pathologischem Ablauf des Klimakteriums auftreten können, angelangt. Wie wir gesehen haben, sind es eine Fülle von Erscheinungen, die in diesen Jahren zur Beobachtung gelangen. Fast jedes Organ kann von ihnen betroffen sein. Dadurch gestaltet sich dieser Lebensabschnitt mitunter zu einem schweren, von mannigfaltigen Störungen heimgesuchten. Es wäre aber falsch, würden wir auf Grund dieser Schilderung den Eindruck empfangen, als ob die Wechseljahre stets oder nur in der überwiegenden Anzahl von derartigen Beschwerden heimgesucht würden. Da das Erlöschen der Eierstocktätigkeit einen physiologischen Vorgang darstellt, können wir wohl mit Recht annehmen, daß die größte Mehrzahl der den Wechsel überstehenden Frauen beschwerdefrei ist oder die Störungen zum mindesten nicht als schwerwiegend empfindet. Derselben Meinung ist Eymer, wenn er betont, er habe den Eindruck, daß es mehr vollkommen oder fast vollkommen beschwerdefreie Klimakterien gibt, als man für gewöhnlich annimmt.

Die Ursachen der verschiedenen pathologischen Erscheinungen

Es fragt sich aber nun: Haben wir, abgesehen von dem zeitlichen Zusammentreffen, eine weitergehende Berechtigung, die mannigfaltigen geschilderten Symptome als klimakterische zu bezeichnen? Und weiters: Wodurch sind die Unterschiede im Ablauf der geschilderten Erscheinungen hervorgerufen?

Sicher ist, daß die besprochenen Beschwerden und Veränderungen nicht alle durch den Ausfall der Ovarialhormone allein ihre Erklärung finden können. Denn das allmähliche Erlöschen der Eierstocktätigkeit bewirkt nicht nur ein Schwinden der vom Eierstock gelieferten innersekretorischen Substanzen, sondern beeinflußt auch das ganze übrige System der endokrinen Drüsen. In ihrem harmonischen Zusammenspiel durch das Ausscheiden des Ovariums gestört, werden die übrigen Glieder dieses Systems teils durch Herabsetzung, teils durch Steigerung ihrer Tätigkeit das Erlöschen der Keimdrüsenfunktion wettzumachen trachten, bis sich ein neuer Gleichgewichtszustand hergestellt hat. Ist dieser erreicht, dann hören auch die klimakterischen Beschwerden auf, die Frau ist zur Matrone geworden.

Von diesem Gesichtspunkt aus finden auch die Unterschiede im Ablauf der geschilderten Erscheinungen ihre zwanglose Erklärung; auch die Tatsache, daß fast alle klimakterischen Symptome in anderen Lebensabschnitten bei Dys-, Hypo- und Hyperfunktion einer oder mehrerer inkretorischer Drüsen bekannt sind, wird dadurch verständlich. Weiters können wir auf Grund dieser Gedankengänge begreifen, daß gerade jene Frauen, die schon vor Eintritt des Klimakteriums Störungen durch abnormale Funktion einer oder der anderen Drüse innerer Sekretion aufwiesen, besonders stark und lange unter den sogenannten klimakterischen Ausfallserscheinungen leiden; in diesen Fällen bedarf es weit größerer und länger dauernder Umwälzungen, bis sich der neue Gleichgewichtszustand herstellt. Dies ließ sich an dem Beispiel der Schilddrüsenfunktion, über die wir noch am genauesten unterrichtet sind, klar erweisen. Nicht zu übersehen ist aber ferner noch ein Umstand, auf den Eymer bei Besprechung der Bedeutung der Konstitution für das Klimakterium aufmerksam macht. Im vorstehenden wurde hervorgehoben, daß es hauptsächlich dann zu stärkeren subjektiven und objektiven Erscheinungen kommt, wenn es sich um Individuen handelt, die dem intersexuellen oder asthenischen Typus angehören. Die Pyknika hingegen pflegt, wie Wiesel betont, ohne wesentliche körperliche oder seelische Erschütterungen gleichsam unvermerkt aus dem geschlechtsfähigen in das Matronenalter hinüberzugleiten. Eymer schaut nun ganz richtig, wenn er hervorhebt, daß sich gerade unter den Intersexuellen und Asthenikoptotischen die meisten Degenerativen befinden, ein Umstand, der auch die besonders schwere Form der Klimakterien dieser Frauen verständlich macht. Dabei ist nun nicht nur auf die gerade bei diesen Menschen häufige Minderwertigkeit ihres Körpers Gewicht zu legen, sondern wir wissen, daß es auch diese Frauen sind, die während ihres ganzen Lebens eine gewisse Schwäche ihres Nervensystems aufweisen, die sie veranlaßt, auch sonstige Störungen ihres Wohlbefindens außerhalb der Zeit der Wechseljahre besonders schwer zu empfinden und übermäßig darunter zu leiden. Gerade diese Individuen sind es, die öfter eine ausgesprochene psychoneurotische und psychopathische Anlage besitzen. Damit wäre dann weiters eine Anknüpfung an die viel Wahres enthaltende Meinung Walthards gefunden, der geneigt ist, viele Begleiterscheinungen der Menopause als Folgen affektbetonter Vorstellungen oder als Ausdrucksformen seelischer Vorgänge aufzufassen. Denn es kann kein Zweifel darüber bestehen, daß die Art und die Dauer der klimakterischen Beschwerden in erheblichem Maß und vielleicht in erster Linie von der nervösen Veranlagung der Frauen abhängt. Nur in seltensten Fällen sehen wir Krankheitsbilder und klimakterische Leiden bei Frauen auftreten, die ein kräftiges Nervensystem und gesunde seelische Veranlagungen besitzen.

Die geschilderte Auffassung der sogenannten Ausfallserscheinungen als pluriglandulären Symptomenkomplex führt aber auch zu der wichtigen Forderung, die dabei auftretenden Beschwerden und objektiven Symptome nur dann als klimakterische anzuerkennen, wenn ihr Auftreten in die gewöhnliche Zeit des Eintrittes der Wechseljahre fällt und mit Zeichen des Erlöschens der Eierstockfunktion einhergeht. Des weiteren ist es notwendig, sicher festzustellen, daß nicht doch eine vom Klimakterium unabhängige andere Erkrankung vorliegt, die ähnliche Symptome und Beschwerden hervorruft. Daß dies nur nach genauester und meist wiederholt vorgenommener Untersuchung möglich ist, bedarf keiner weiteren Begründung. Aber auch so läßt sich nicht selten die klimakterische Natur gewisser Erscheinungen erst nach Schwinden des Symptomes erkennen.

Die Therapie der verschiedenen Erkrankungen im Klimakterium

Es erübrigt nunmehr, noch auf die therapeutische Beeinflussung der mannigfaltigen Beschwerden und Veränderungen einzugehen. Sie muß bei der Unkenntnis der genaueren Ursache der klimakterischen Störungen im Einzelfall eine rein symptomatische sein und kann sich in vielen Fällen bloß darauf beschränken, empirisch vorzugehen. Denn es ist eine häufig zu beobachtende Tatsache, daß jene Mittel, welche bei der einen Klimakterika, gegen die gleichen Beschwerden angewandt, gute Erfolge zeitigten, bei der anderen oft völlig versagen. Anderseits ist gerade in den Wechseljahren, wo die verschiedenen Zustände oft schlagartig ohne medikamentöse Beeinflussung verschwinden, eine besonders kritische Betrachtung unserer mit einem oder dem anderen Mittel erzielten therapeutischen Erfolge notwendig.

Um mit den quälendsten Symptomen der Wechseljahre, den vasomotorischen Störungen, Hitzewallungen und Gefäßschmerzen, zu beginnen, so steht das von Halban gegen diese Erscheinungen angegebene Klimasan obenan, durch das es in den meisten Fällen gelingt, nicht nur die Kongestionen, sondern auch Angina-pectoris-ähnliche Zustände und Gefäßschmerzen günstig zu beeinflussen. Halban ging dabei von der Überlegung aus, daß es zweckmäßig wäre, die Erregbarkeit des Sympathikus herabzusetzen, und stellte sich vor, daß die Gefäßdilatationen, welche ja das organische Substrat für die Wallungen abgeben, vielleicht gemildert werden, wenn man in den kleinsten Gefäßen eine Art Dauerdilatation erzielen könnte. Von diesem Gesichtspunkt aus verordnete Halban anfänglich Theobrominpräparate, von denen wir ja wissen, daß sie gefäßerweiternd wirken. Adler war es nun, der bereits im Jahre 1911 auf die ausgezeichnete Wirkung des Kalkes bei klimakterischen Beschwerden hingewiesen hatte, die er mit der von ihm gefundenen Tatsache einer Verminderung des Blutkalziumspiegels und der von Chiari und Fröhlich nachgewiesenen Überempfindlichkeit des vegetativen Nervensystems nach Kalkentziehung in Zusammenhang brachte. Diesen Gedankengängen folgend, trachtete nun Halban, den Theobrominpräparaten Kalk zuzusetzen, was durch Herstellung des Theobrominum calciolacticum gelang. Außerdem fügte er noch eine geringe Menge Nitroglyzerin hinzu, das gleichfalls besonders an den Gefäßen des Kopfes und der oberen Körperhälfte gefäßerweiternd wirkt. Das Präparat (Klimasan), das in Tablettenform in den Handel kommt, wird in ½grammigen Pastillen drei- bis viermal täglich verordnet und bewirkt in vielen Fällen schon nach kurzer Zeit eine auffallende Besserung der Beschwerden.

Von anderen Autoren wird gegen die vasomotorischen Erscheinungen mit Vorteil Calcium lacticum oder Transannon, das im wesentlichen Kalzium und das verwandte Magnesium enthält, gegeben. Die in einer

Reihe von Fällen günstige Wirkung und Linderung der Beschwerden wird mit der oben erwähnten Anschauung Adlers, daß es mit dem Ausfall des Ovarialsekretes zur Verarmung des Blutes an Kalzium kommt und dadurch die Natriumionen, die Antagonisten des Kalziums, ein Übergewicht erlangen, wodurch eine Erregung des vegetativen Nervensystems zustande kommen soll, in Zusammenhang gebracht.

Aschner, der die vasomotorischen Störungen als Folge erhöhten Blutreichtums, entstanden durch Wegfall der Menstruation (Plethora), auffaßt, empfiehlt als wirksamstes Mittel den Aderlaß, der ihn bei diesem Symptom noch nie im Stiche gelassen hat und nach ein bis zwei Venenpunktionen zu gänzlichem Verschwinden der Wallungen führte.

Bei hyperthyreotischem Typus des Klimakteriums, bei dem neben vasomotorischen Störungen Aufregungszustände im Vordergrund der Erscheinungen stehen, gelingt es durch Kombination von Kalkpräparaten mit Brom, öfter Erfolge zu erzielen. Auch eine länger dauernde Anwendung von Baldrian wirkt in vielen Fällen günstig. Durch tägliche Darreichung von Baldriantee oder -tinktur, Vallidol, Gynoval usw., Mittel, die am zweckmäßigsten abends vor dem Schlafengehen genommen werden, wird manchmal die Intensität und Anzahl der vasomotorischen Anfälle herabgesetzt. Von Henckel wird bei derartigen Zuständen auch das Akonitin gerühmt. Porges und Adlersberg berichten über günstige Erfolge bei Verwendung von Ergotamin. Bei starker Abmagerung, wie sie gerade jenem Typus in vielen Fällen eigentümlich ist, oder anämischen Zuständen sind vorsichtig vorzunehmende Arsenkuren in Form interner Darreichung von Solutio arsenicalis Fowleri, eventuell mit Brompräparaten kombiniert, angebracht und wirken oft vorzüglich.

Bei hypothyreotischem Ablauf der Wechseljahre, bei dem eine Neigung zu myxödematösen Zuständen besteht, wird eine Thyreoidinbehandlung angeraten. In kleinen Dosen unter ständiger ärztlicher Kontrolle angewendet, vermag diese Therapie bei klimakterischen Hypothyreosen öfter Erfolge zu zeitigen. Sie darf aber keinesfalls derart weit getrieben werden, daß rapide Gewichtsabnahme eintritt, da sich sonst schwerste dauernde Schädigungen an Herz und Nervensystem einstellen können. Dasselbe gilt auch von der in solchen Fällen noch vielfach verordneten Jodbehandlung, vor der bei klimakterischen Störungen aus diesem Grunde gewarnt wird (Wiesel). Zur Bekämpfung anginöser Zustände und Gefäßschmerzen, die nicht nur in der Aorta lokalisiert sind, wird eine Dauerbehandlung mit Nitroglyzerin in aufsteigender Dosis von 3 bis 8 Tropfen einer ½%igen alkoholischen Lösung empfohlen, die, perlingual verabreicht, nicht bloß die Neigung zu Gefäßkrämpfen herabsetzt, sondern auch die Hitzewallungen günstig zu beeinflussen vermag, ein Vorzug, der nach unseren Erfahrungen auch dem Klimasan zukommt, das, wie erwähnt, neben dem Theobromin-Kalziumlaktat auch Nitroglyzerin enthält. Gegen die öfter anfallsweise auftretenden Tachykardien sind Sedativa zu empfehlen. Kardiaka, Digitalis und Strophanthus sind dagegen gewöhnlich ohne wesentliche Wirkung. Auf Grund seiner Erfahrungen rühmt Wiesel einen Fluidextrakt aus Cactus grandifloris, von dem dreimal täglich 5 Tropfen verordnet werden, ohne daß eine Gewöhnung oder kumulative Wirkung zu beobachten wäre.

Peripher auftretende spastische Zustände der Gefäße, die zu Parästhesien und lokalen Zyanosen an Fingern und Zehen Veranlassung geben, sind durch Wechselbäder meist gut beeinflußbar. Auch eine Diathermiebehandlung der betroffenen Extremitäten leistet in vielen Fällen Gutes und vermag die Gefäßspasmen zum Schwinden zu bringen. Auch das von Pal in die Therapie eingeführte Papaverin ist mitunter von Nutzen.

Bei klimakterischer Hypertonie kommt neben dem Halbanschen Klimasan vor allem der Aderlaß in Betracht, der von Engelhorn neuerlich in die gynäkologische Praxis eingeführt, jetzt von Aschner besonders warm empfohlen wird. Durch wiederholte Abnahme geringer Blutmengen werden die bestehenden Beschwerden oft dauernd zum Schwinden gebracht. Bei anämischen Patientinnen allerdings müssen wir von dieser Art der Therapie unbedingt Abstand nehmen und können bloß durch Verordnung salinischer Abführmittel und Mineralwässer „durch Ableitung auf den Darm" trachten, den vermehrten Tonus der Gefäße zu beseitigen. Vor der Anwendung der speziell bei arteriosklerotischem und luetisch bedingtem Hochdruck üblichen Jodmedikation wird von den meisten Autoren in den Wechseljahren gewarnt. Es treten in diesen Jahren nicht so selten und trotz genauester Beobachtung oft unvermittelt thyreotoxische Symptome auf, die sich in Abmagerung, Nervosität und kardiovaskulären Erscheinungen manifestieren, ja es sind Fälle bekannt, wo im Anschluß an eine vorsichtig durchgeführte Jodbehandlung sich in diesen Jahren ein regelrechter Spätbasedow entwickelt hat, der erst durch operative Therapie gebessert werden konnte.

Einer Behandlung bedürfen auch manchmal die von seiten des Magen-Darm-Traktes auftretenden Störungen. Die vielfach in den Wechseljahren zu beobachtenden Magenbeschwerden, die mit An- und Hyperazidität einhergehen können, sind durch Verabreichung von Salzsäurepepsin oder die überschüssige Magensäure bindenden Substanzen, Speisesoda, Neutralon usw., in üblicher Weise zu beeinflussen. Auch die Störungen von seiten des Darmes, der Meteorismus und die Obstipation, sind nach den bekannten Grundsätzen zu behandeln, wobei hervorgehoben werden muß, daß vor allem vegetabilische Diät äußerst empfehlenswert ist, die oft allein neben dem Gebrauch milder salinischer Abführmittel genügt, eine regelmäßige Stuhlentleerung zu bewirken. Die meteoristischen Attacken sind am besten durch länger dauernde Papaverinverordnung zu behandeln, auch Tierkohle, die nach dem Vorschlag Wiechowskys mit Kampfer kombiniert wird oder Spiritus camphoratus allein, zweimal täglich 20 Tropfen, Magnesia usta mit geringem Mentholzusatz sind Mittel, welche die lästigen Blähungen lindern. Von einer genaueren Aufzählung der vielfach angewendeten, verschiedenen Medikamente, von denen jeder Arzt bestimmte bevorzugt, kann Abstand genommen werden. Gegen die in den Wechseljahren mitunter auftretenden diarrhoischen Zustände, die als pankreogen bedingte angesprochen werden, sollen sich nebst diätetischer Behandlung Pankreaspräparate besonders bewähren.

Bei nervöser Pollakiurie, die zur Zeit der Wechseljahre zuweilen auftritt und durch abnorme Reizbarkeit der Blase, die sogenannte irritable bladder, hauptsächlich bei neurasthenisch veranlagten Individuen entsteht, sind Sedativa am Platz. Hie und da ist auch eine elektrische Behandlung durch faradischen Strom von Nutzen, doch können die Symptome zuweilen derart quälend und hartnäckig sein, daß in seltenen Fällen zu starken Mitteln gegriffen werden muß, ja Fritsch empfiehlt sogar eine Kombination von Brom, Morphin und Atropin in folgender Zusammensetzung: Ammonium, Kalium, Natrium bromatum, Chloralhydrat aa 5,00, Morphini 0,05, Atropini 0,005, Aquae fontis 200 MDS. Dreistündlich 1 Eßlöffel.

Die am Bewegungsapparat auftretenden Veränderungen und Beschwerden der Wechseljahre sind meist therapeutisch schwer beeinflußbar und dauern oft längere Zeit hindurch an. Bei rheumatischen Erkrankungen der Muskulatur ist Wärmeapplikation und Diathermiebehandlung oft von Erfolg begleitet. Auch Chinin nebst den verschiedenen Salizylsäurepräparaten leistet oft gute Dienste. Bei Veränderungen der Gelenke wird von subkutanen Adrenalininjektionen nach R. Schmit Gutes berichtet, die öfter schmerzstillend wirken und den Gelenksprozeß günstig beeinflussen. Auch Atophan ist als schmerzstillendes Mittel zu empfehlen. In manchen Fällen sind auch Schlammpackungen und Diathermiebehandlung von Erfolg begleitet, doch läßt sich anderseits wieder beobachten, daß der Effekt der diathermisch erzeugten Tiefendurchwärmung und Hyperämisierung sich in Vermehrung der Schmerzen ausdrückt. Von Wiesel werden Schwefelinjektionen angeraten. Auch von Schwefelsol- und Radiumsolbädern sieht man unter Umständen Gutes. Erfolge sind auch nicht so selten nach parenteraler Reizkörpertherapie zu beobachten. Weiters kann eine Röntgenbestrahlung der betroffenen Gelenke, die nach Beobachtungen Heidenhains, Eymers und eigenen Erfahrungen bei vorsichtiger Dosierung bedeutende Besserung zeitigen kann, unter Umständen versucht werden. W. His weiß Gutes von periartikulären Thorium-X-Injektionen zu berichten und macht darauf aufmerksam, daß man zur Verminderung der Gelenksbeschwerden gegen eine zu starke Körpergewichtszunahme vorgehen soll, weshalb reichliche Bewegung anzuraten ist. Zu erwähnen wäre schließlich noch, daß Aschner auch bei arthritischen Erkrankungen der Wechseljahre reichlichen Gebrauch von wiederholten Aderlässen macht und eine Besserung des Zustandes dadurch erreicht haben will.

Mit der Therapie der klimakterischen Dermatosen hat sich Luithlen beschäftigt und die verschiedenen Hauterkrankungen durch kombinierte Organ- und Kolloidtherapie behandelt. Ovarialextrakte und Schilddrüsentabletten werden innerlich gegeben und gleichzeitig durch wiederholte Aderlässe und Eigenseruminjektionen, also durch parenterale

Zufuhr kolloidaler Substanzen, auf eine „Herabsetzung der Entzündungs-
bereitschaft" und „Umstimmung des Organismus" hingewirkt.

Bei den seltenen Formen der aplastischen, hypochromen Anämie,
die zur Zeit des Klimakteriums auch in Fällen auftreten kann, wo keinerlei
Blutverluste für die bestimmte Anämie verantwortlich gemacht werden
können, sind Arsenkuren und öfters ausgeführte Bluttransfusionen
wirkungsvoll.

Schließlich sei der in der Therapie klimakterischer Beschwerden
vielfach noch gebräuchlichen Ovarialpräparate gedacht, deren Zahl
außerordentlich groß ist. Nach der Erkenntnis, daß die klimakterischen
Erscheinungen durch das Versiegen der Eierstocktätigkeit bedingt
sind, war Chrobak (1889) der erste, der den Versuch unternahm, die
Ausfallserscheinungen durch Substitution von Eierstockpräparaten
therapeutisch zu beeinflussen. Im Laufe der Jahre wurden die verschiedensten Präparate erzeugt und verwendet. Tabletten zu interner
Darreichung, Extrakte und Abbaupräparate zu parenteraler Einverleibung wurden gegeben. Bei längerer Anwendung sieht man von dieser
kausal gedachten Behandlung in manchen Fällen tatsächlich Erfolge.
Bei anderen jedoch bleibt die gewünschte Wirkung aus. Dies mag seinen
Grund vor allem darin haben, daß eine biologische Prüfung der verschiedenen Präparate bisnun nicht möglich war und es erst vor kurzem
B. Zondek gelang, ein biologisch auswertbares Hormon des Ovars, das
Follikulin, herzustellen. Heyn hat das Zondeksche Follikulin bei Ausfallserscheinungen gegeben und angeblich damit gute Erfolge erreicht.

Bei einer Reihe anderer Medikamente wird durch Mischung verschiedener Organextrakte ein polyglanduläres Mittel herzustellen versucht, das, wie z. B. das Polyhormon und Thelygan, auch bei klimakterischen Symptomen von der theoretischen Überlegung ausgehend,
daß die Erscheinungen durch Insuffizienz verschiedener inkretorischer
Drüsen und Störungen ihres Gleichgewichtes bedingt sind, angewendet
wird. Während nun einzelne Autoren glauben, damit Erfolge erzielt
zu haben, hat doch die Mehrzahl den Eindruck, daß auch ihre Wirkung
eine recht unsichere ist.

Zum Schluß muß noch auf die Röntgentherapie klimakterischer
Beschwerden eingegangen werden. Werner war es, der nach Hypo-
physenbestrahlung eine deutliche Besserung vasomotorischer Störungen
der Wechseljahre eintreten sah, und Borak, der die Ausfallserscheinungen
auf eine durch den Ausfall der Ovarien hervorgerufene Hyperfunktion
der Hypophyse und Thyreoidea zurückführen zu müssen glaubt, war
in der Lage, sie in 47 Fällen durch Röntgenbestrahlung dauernd zu
heilen. In 35 Fällen besserten sich die Beschwerden auf die Bestrahlung
der Hypophyse, in den übrigen auf die Bestrahlung der Thyreoidea
so weit, daß eine weitere Behandlung überflüssig war. Die Besserung
erfolgte meist nach Ablauf von acht Tagen. Es gelangte $^1/_{10}$ bis $^1/_{20}$
der Erythemdosis zur Anwendung und selten waren mehr als drei Bestrahlungen notwendig. Es gab unter den Hypophysenbestrahlungen
Fälle, wo die vorangegangene Bestrahlung der Thyreoidea erfolglos

war, anderseits wurden auch Fälle beobachtet, wo erst die Schilddrüsenbestrahlung zum Erfolg führte, die vorhergehende Bestrahlung der Hypophyse dagegen ohne Erfolg blieb.

Auch wir hatten des öfteren Gelegenheit, in derartigen Fällen Bestrahlungen der Hypophyse zu versuchen, und sahen manchmal eine Besserung insofern eintreten, als hauptsächlich vasomotorische Störungen und Wallungen seltener wurden. In manchen Fällen blieb jedoch ein Erfolg auch aus. Szenes, der die gleichen Erfahrungen machte, hat nun in Fällen, die auf eine Röntgenbestrahlung der Hypophyse nur vorübergehend oder gar nicht angesprochen hatten, eine Beeinflussung mit der Diathermiebehandlung der Hypophysengegend zu erzielen versucht und konnte nach mehreren Sitzungen ein Zurückgehen der Ausfallserscheinungen feststellen. Vor allem schwanden die Kopfschmerzen fast regelmäßig, jedoch war der Erfolg der Behandlung ein nur vorübergehender, die Dauer der Besserung betrug nur einige Monate. Auch Grundumsatzbestimmungen, die in derartigen Fällen vorgenommen wurden, ließen eine deutliche Beeinflussung im Sinn eines initialen Anstieges des Grundumsatzes erkennen.

Vielleicht die wichtigste therapeutische Maßnahme, die auch bei pathologischem Ablauf der Wechseljahre stets in erster Linie geübt werden muß, ist die psychische Behandlung der Kranken. Das darf aber nicht in dem Sinne verstanden werden, als ob unter Vernachlässigung der genauen körperlichen Untersuchung und Notwendigkeit, über die Ursache der verschiedenen Beschwerden ins klare zu kommen, rein psychischen Behandlungsmethoden das Wort gesprochen würde. Im Gegenteil, gerade in dem Zeitabschnitt der Wechseljahre ist es, wie aus dem bisher Gesagten hervorgeht und wie bereits des öfteren betont wurde, dringend notwendig, sich vorerst von dem Fehlen körperlicher Veränderungen, die die Ursache zu den Klagen abgeben könnten, zu überzeugen. Es ist jedoch anderseits kein Zweifel, daß gerade das klimakterische Alter zu Neurosen disponiert, und daß diese Disposition auch seelisch normal veranlagte Frauen trifft, eine Anschauung, die besonders von Walthardt und Dubois mit Recht vertreten wird. Dadurch kommt es, daß besonders von hypochondrischen Naturen gewisse Beschwerden übermäßig gewertet werden und zu Schmerzen, Empfindlichkeit und krankhaften Sensationen in allen möglichen Körperteilen führen. In solchen Fällen wirkt gewiß eine therapeutische Vielgeschäftigkeit nur schädlich und ist geeignet, die Beschwerden zu vermehren und zu vervielfältigen. Hier wird nach sorgfältiger Untersuchung eine gründliche Aussprache mit der Patientin viel mehr nützen, die ihr die Ursache und das nicht Bedenkliche, bloß „Vorübergehende" der Erkrankung klar macht. Durch derartige Belehrungen über die Bedeutungslosigkeit der vermeintlichen „Krankheit", durch Ablenkung zu Beschäftigungen, die in einer nicht zu ermüdenden körperlichen und geistigen Arbeit bestehen mögen, durch Empfehlungen von Spaziergängen, Zerstreuungen und ein Beisammensein mit rücksichtsvollen, auch sonst zusagenden Mitmenschen, gelingt es öfter, geistig hochstehende Frauen über die Beschwerden hinwegzubringen. Zu beherzigen ist aber, daß bei der erwähnten Arbeits- und Beschäftigungstherapie individuell seelische Momente und Neigungen ebenso berücksichtigt werden müssen wie die Dosierung derselben. In vielen Fällen obliegt dem Arzt auch noch die Aufgabe, aufklärend auf Angehörige und die Umgebung der Patientin einzuwirken und dieselben anzuweisen, unnötige Irritationen des Zentralnervensystems in taktvoller Art zu vermeiden. Im großen und ganzen trage die Psychotherapie beobachtend kalmierenden Charakter und sei des weiteren darauf bedacht, die meist darniederliegende Energie durch Belehrung und Suggestion weitmöglichst zu heben. Der Einfluß einer derartigen Einwirkung ist in vielen Fällen weit mächtiger und nachhaltiger als etwa sonst angewandte, selbst eingreifende Heilverfahren. Von dieser Erkenntnis ausgehend, wurde selbst eine hypnotische Therapie der sogenannten Ausfallserscheinungen versucht (Wolff u. a.) und berichtet, daß die Beschwerden dadurch wesentlich gemildert, zum Teil sogar zum Schwinden gebracht werden konnten. In den meisten Fällen jedoch, selbst bei schwer psychischen Störungen wird aber ohne Hypnose das Auslangen gefunden werden können und eine psychotherapeutische Zuspruchsbehandlung durch affektberuhigende und -stillegende Einwirkung Erfolge zeitigen.

Neben dieser Art der Behandlung ist besonders Gewicht auf allgemein physikalisch-diätetische Heilverfahren zu legen, wie sie bei Besprechung der physiologischen Klimax bereits erörtert wurden. Speziell bei der sonst nur schwer zu beeinflussenden Schlaflosigkeit, worunter viele Klimakterische leiden, wird man nach entsprechender Regelung der Lebensweise trachten, zunächst mit abendlichen protrahierten lauwarmen Bädern, Teil- oder Ganzwaschungen einzuwirken. Erst wenn dadurch keine Hilfe gebracht werden kann, müssen wir zu Medikamenten, Sedativis und Veronal in dosi refracta greifen. Vor dem Mißbrauch größerer Mengen von Schlafmitteln, insbesondere der Veronalgruppe, kann aber nicht eindringlich genug gewarnt werden. Dieselben können gelegentlich selbst das Bild einer Geistesstörung von paralyseähnlichem Charakter hervorbringen (Bonhöffer, Herschmann).

Handelt es sich um ausgesprochene Psychosen der Klimax, dann ist wohl eine Anstaltsbehandlung meist nicht zu umgehen.

Durch die hier kurz skizzierten therapeutischen Maßnahmen wird es meist gelingen, die Frauen auch über die stürmische Zeit des pathologisch verlaufenden Klimakteriums hinwegzubringen und in eine Epoche, die wesentlich ruhiger und gleichmäßiger verläuft, überzuleiten.

III. Künstlich durch Operation oder Bestrahlung herbeigeführtes Klimakterium

Durch die außerordentliche Verbreitung der operativen Technik und der gynäkologischen Röntgen- und Radiumbestrahlung kommen wir ungemein häufig in die Lage, uns mit Fällen von künstlich herbeigeführtem Klimakterium zu befassen und die danach auftretenden, oft mannigfaltigen Beschwerden zu beobachten. Das Bild der künstlich durch Kastration herbeigeführten Klimax ist von dem Funktionszustand der Keimdrüsen abhängig und verläuft durchaus anders, wenn die Kastration im kindlichen Alter vorgenommen wird, und wieder anders, wenn die Entfernung der Keimdrüsen zur Zeit der Geschlechtsreife erfolgt.

Die operative Entfernung der Eierstöcke

Kastration Jugendlicher

Über die Folgen der Kastration Jugendlicher sind wir hauptsächlich durch die Berichte Tandlers unterrichtet, der seine Erfahrungen durch Untersuchungen der russischen Skopzensekte gesammelt hat. Nach ihm zeigen Frühkastraten eine auffallende Änderung in ihrer äußeren Erscheinung und in ihrer Entwicklungsrichtung im Vergleich zu gleichaltrigen normalen Geschwistern. Nach Kastration im kindlichen Alter verschwinden die spezifischen männlichen oder weiblichen Geschlechtscharaktere. Das Individuum nähert sich in seiner weiteren Ausbildung einer ungeschlechtlichen Zwischenform, die vielleicht mehr bei männlichen Kastraten wie bei weiblichen in die Augen springt, weil das Weib der asexuellen Zwischenform näher steht als der Mann. Längeres Offenbleiben der Epiphysenfugen, das ein größeres Längenwachstum der Röhrenknochen zur Folge hat, bewirkt die oft außerordentliche Körpergröße nach Verschneidung im jugendlichen Alter. Die spezifisch weiblichen Proportionen zwischen Rumpf und Extremitäten schwinden oder bilden sich gar nicht aus. Auch das Becken behält seine kindliche Form. Die äußere Gestalt, die durch den Einfluß der Keimdrüsen auf die Quantität und Anordnung des Fettes, den Turgor der Haut und den Tonus der Muskulatur bestimmt wird, ist bei weiblichen Frühkastraten weniger abgerundet und nimmt beim Knaben weibliche Formen an. Die Geschlechtsorgane kommen nicht zur Ausbildung, sie bleiben entweder auf kindlicher Stufe stehen, können aber auch völlig verkümmern. Zirbeldrüse und Thymus bleiben in ihrer Funktion, die Hypophyse ist deutlich vergrößert, die Schilddrüse meist klein, atrophisch. Während man früher annahm, daß die im geschlechtsreifen Alter auftretenden Störungen der Psyche um so stärker sich bemerkbar machen, je jünger das Individuum ist, wissen wir heute, daß sie bei Kastration vor Eintritt der Geschlechtsreife völlig fehlen. Entsprechend den Veränderungen im äußeren Habitus bleibt auch das psychische Verhalten ein kindliches, geschlechtlich undifferenziertes.

Diese am Menschen gemachten Erfahrungen wurden durch Tierversuche ausgebaut und vollauf bestätigt. Insbesondere war es das Studium des Geweihwechsels an Zerviden (Tandler und Groß, Sellheim), das zur Klärung der Veränderungen an Frühkastraten wesentlich beitrug. Man konnte feststellen, daß bei jüngeren kastrierten Rehen nach Entfernung der Keimdrüsen die Geweihbildung ausbleibt; bei älteren, bei denen der Stirnzapfen bereits ausgebildet ist, tritt aber nach der Kastration an Stelle des intermittierenden Wachstums ein permanentes ein. Hiedurch bilden sich jene enormen und abnormen Geweihmassen, die als Perückengeweihe bezeichnet werden, gleichgültig, zu welcher Jahreszeit die Kastration vorgenommen wurde. Ein bereits fertiges Geweih wird bald abgeworfen und an seine Stelle tritt das stetig wachsende Gehörn.

Es ist das besondere Verdienst von Tandler und Groß, durch ihre Tierexperimente nachgewiesen zu haben, daß die Tiere durch Verschneiden gleichsam geschlechtslos werden und sich einer asexuellen Zwischenform nähern, welche das Charakteristische der Gattung besonders hervortreten läßt.

Kastration zur Zeit der Geschlechtsreife

Völlig andersartig ist aber das Bild, das nach Kastration zur Zeit der Geschlechtsreife auftritt. Durch den Wegfall der dem bereits völlig ausgebildeten und voll funktionierenden Eierstock innewohnenden Kräfte und Einflüsse auf den Gesamtorganismus entstehen wohl mitunter auch recht schwere Veränderungen und Ausfallserscheinungen, die den Bildern bei pathologisch verlaufenden Klimakterien völlig gleichen. Diese sind, wie schon früher erwähnt, nicht etwas, was unbedingt an den Ausfall der Ovarialfunktion gebunden ist, sondern ähnliche Beschwerden lassen sich gelegentlich auch in der Pubertät, in der Schwangerschaft und vor allem bei Hyperthyreosen der verschiedensten Art beobachten, deren Frühsymptome sie lange Zeit hindurch bilden können. Sie tragen deshalb auch die Bezeichnung „Ausfallserscheinungen", sofern man damit eben den Begriff ihrer Abhängigkeit von dem Ausfall der Keimdrüsentätigkeit verbindet, zu Unrecht und sind als pluriglandulär bedingte Störungen aufzufassen.

Entsprechend dieser Ansicht wurden die an den übrigen innersekretorischen Drüsen nach Exstirpation der Geschlechtsdrüsen auftretenden Veränderungen vielfach in ihren histologischen Bildern studiert und insbesondere die Nebennieren in den Kreis der Untersuchungen einbezogen, da man die Störung im Bereich des Sympathikus mit Veränderungen im Adrenalinsystem in Zusammenhang bringen zu müssen glaubte. Tatsächlich konnten auch nach Untersuchungen Altenburgers, Fedossejeffs, Schenks und Koldes nach Kastration hypertrophische Zustände nachgewiesen werden, die als Arbeitshyperplasie gedeutet wurden. Man fand die Nebennierenrinde nach Kastration verbreitert, das Mark zusammengepreßt. In der Rinde selbst ist die Faszikulata mächtig entwickelt, die Glomerulosa verschmälert. Da die letztgenannte die Keimzone darstellt, aus welcher erst die physiologisch vollwertigen Zellen der Faszikulata entstehen, so sind es gerade die für die Drüsenarbeit bedeutungsvollsten Schichten, die an der Größenzunahme des Organs beteiligt sind. Allerdings gibt den genannten Untersuchungen gegenüber Tacheki an, daß nach Kastration männlicher Meerschweinchen die Nebennierenrinde im Vergleich zum Mark verschmälert sei, und stellt sich so in Gegensatz zu den Befunden Schenks am Kaninchen, Altenburgers an der Maus und Koldes am Menschen.

Besteht bezüglich der Nebennierenveränderungen nach Kastration demnach heute noch keine völlige Übereinstimmung, so wird doch allgemein eine Größenzunahme der Hypophyse nach Exstirpation der Keimdrüsen konstatiert. Sie ist durch Vermehrung der eosinophilen Zellen des Drüsenvorderlappens leicht von der bei Gravidität nachweisbaren Veränderung des Hirnanhanges zu unterscheiden (Erdheim und Stumme, Fichera, Rössle, Kalde u. a.).

Über Veränderungen anderer Drüsen innerer Sekretion nach Kastration zur Zeit der Geschlechtsreife, besonders über das Verhalten der Schilddrüse, ist bis heute noch nichts bekannt.

Nach Kastration treten ebenso wie bei natürlichem Klimakterium atrophische Zustände am Genitale auf, die sich in einigem von den Rückbildungsvorgängen bei natürlichem Eintritt der Klimax unterscheiden. Während bei der in den Wechseljahren zu beobachtenden Involution der Geschlechtsorgane vielleicht zuerst an der äußeren Scham, der Scheide, den Scheidengewölben und der Portio Schrumpfungsvorgänge zu beobachten sind, denen erst allmählich ein Kleinerwerden der Gebärmutter folgt, das in einer Anzahl von Fällen selbst durch vorhandene metritische Prozesse verdeckt sein kann, sehen wir nach Kastration in erster Linie am Uteruskorpus Veränderungen auftreten. Der Gebärmutterkörper wird nach Entfernung der Keimdrüsen in allen seinen Maßen kleiner, die Korpusschleimhaut ist stark verdünnt und auch die Zervixdrüsen schrumpfen in weiterer Folge allmählich und produzieren weniger Schleim. Erst später treten bei der Kastrationsatrophie auch Rückbildungsvorgänge an Vulva, Scheide und Scheidengewölbe hinzu, die oftmals recht hochgradige sein können. Die Vagina verliert ihre Fältelung, sie wird derber und trockener und allmählich glatt. Auch die Labien werden welk und die ganze Vulva sieht straffer und eingezogener aus.

Auch in der äußeren Erscheinung der Frau sind analog wie beim natürlichen Eintritt der Wechseljahre Veränderungen zu bemerken, die auf Umgestaltungen des Körperhaushaltes hinweisen. Sie sind jedoch keineswegs einheitlich. Am bekanntesten ist wohl die allgemeine Körperverfettung der Kastrierten, die durch Stoffwechselveränderungen bedingt ist und nach den Untersuchungsergebnissen von Löwy und Richter, Popiel, Pächtner u. a. in einer Herabsetzung des Grundumsatzes ihren Ausdruck findet. Andere Autoren (Korentschewsky, Rowinsky und Schneider) erhielten bei ihren diesbezüglichen Untersuchungen wechselnde Resultate, ja Lüthje vermißt jeglichen Einfluß der Kastration auf dem Grundumsatz. Diese verschiedenen Ergebnisse weisen deutlich auf die verschiedene Reaktion der einzelnen Individuen und insbesondere auf den großen Einfluß der Schilddrüse bei der Regulierung dieser innersekretorischen Störungen hin. Dieser Einfluß wird besonders durch die Feststellung von Eckstein und Grafe klar, da nach ihren Beobachtungen beim thyreoidektomierten Tier die grundumsatzsenkende Wirkung der Kastration am deutlichsten in Erscheinung tritt. Knipping glaubt aber, daß die Kastratenfettsucht ebenso wie die Fettsucht während und nach der Schwangerschaft Folgewirkung einer Insuffizienz der Hypophyse ist, da nach den Erfahrungen bei der Dystrophia adiposogenitalis eine mangelhafte Funktion des Hirnanhanges Fettansatz zu bewirken vermag. Allerdings ist es bis heute noch durchaus zweifelhaft, ob die nach Kastration auftretende Hypertrophie des Hypophysenvorderlappens einer funktionellen Insuffizienz entspricht.

Bezüglich des Gesamteiweißstoffwechsels liegen widersprechende Befunde vor. Korentschewsky, Eckstein und Grafe konnten eine deutliche Verminderung, Popiel, Neumann und Vas eine geringe Steigerung des Eiweißstoffwechsels feststellen.

Auch im Kohlehydratstoffwechsel sind Veränderungen nach Kastration bekannt geworden. Nach Untersuchungen von Stolper nimmt die Zuckertoleranz sowohl bei Tieren als auch bei Menschen ganz erheblich ab. Nach Christofoletti führt das Adrenalin bei kastrierten Individuen zu erhöhter Glykosurie, nach Guggisberg zu starker Hyperglykämie, Befunde, die jedoch nach Untersuchungen von Moosbacher und Mayer keineswegs gesetzmäßig zu sein scheinen. Weiters berichtet Picazio, daß Kastration bei Pankreasdiabetes den Zustand verschlimmert und die Insulintherapie unwirksam macht.

Von Interesse sind ferner die von Neumann und Herrmann, Bella u. a. erhobenen Befunde eines gesteigerten Lipoid- und Cholesteringehaltes des Blutserums kastrierter Individuen, doch ist die Erhöhung meist ebenso wie im natürlichen Klimakterium nur eine vorübergehende.

Das Studium der Veränderungen des Salzstoffwechsels ging von den Erfolgen der Kastration bei Osteomalazie aus und betraf deshalb vor allem die Frage des Kalk- und Phosphorstoffwechsels. Nach Untersuchungen von Adler, Malamud und Mazzocco u. a. tritt nach Kastration eine Erhöhung des Blutkalkspiegels in den meisten Fällen ein. Auch Phosphor wird, wie Curatulo und Tarulli angaben, retiniert, doch sind auch diese Befunde nach Untersuchungen anderer (Falk und Schulz, Berger) keineswegs einheitlich.

Das Blutbild bei den Kastrierten zeigt dieselbe Veränderung wie bei natürlichem Wechseleintritt. Man beobachtet eine relative Vermehrung der Lymphozyten, die nach der Operation fast die doppelte Anzahl erreichen können, nebst einem deutlichen Anstieg der eosinophilen Elemente. Auch die Senkungsgeschwindigkeit der roten Blutkörperchen soll eine vermehrte sein.

Die zahlreichen Beschwerden und Klagen, welche Folgen der in verschiedenster Art auftretenden Störungen im Gesamtorganismus nach Kastration im geschlechtsreifen Alter sind, können völlig denen gleichen, die bei pathologischem Verlauf der natürlichen Klimax erörtert und besprochen wurden. Ein genaueres Eingehen auf die einzelnen Krankheitsbilder ist wohl in Anbetracht der früheren ausführlichen Schilderung nicht mehr notwendig. Sämtliche nach Kastration auftretenden Symptome und sogenannte Ausfallserscheinungen unterscheiden sich aber von den beim natürlichen Klimakterium bekannten darin, daß sie häufiger auftreten und vielfach auch schwerer als bei natürlicher klimakterischer Rückbildung der Geschlechtsorgane verlaufen. Im Gegensatz zu ihnen bleiben sie auch oft jahrelang bestehen. Sie werden wohl gelegentlich schwächer, doch können sie immer wieder mit elementarer Gewalt hervorbrechen. Auf der anderen Seite ist es jedoch nicht selten, daß bei Frauen, die wegen Erkrankung der Adnexe operativ kastriert wurden, die Kastrationsbeschwerden vollkommen durch das Gefühl nunmehriger völliger Gesundheit aufgewogen werden, ein Gefühl, das durch die Anwesenheit kranker Eierstöcke oft erheblich beeinträchtigt sein kann. Jene Frauen fühlen sich meist viel wohler als früher und werden nur in geringem Grade durch die selten auftretenden Störungen belästigt. Genauer sollen jedoch Intensität und Häufigkeit der nach operativer Kastration in körperlicher und psychischer Hinsicht auftretenden Erscheinungen nach Besprechung des durch Radium- und Röntgenstrahlen bewirkten vorzeitigen Wechseleintrittes erörtert und mit den nach Strahlenbehandlung einsetzenden Ausfallserscheinungen in Vergleich gesetzt werden.

Die Strahlensterilisation

In der Bekämpfung ovariell bedingter Blutungen und zur Behandlung der Myome wird die Strahlentherapie heute bereits derart allgemein angewendet, daß Fälle künstlich durch Bestrahlung herbeigeführten Klimakteriums außerordentlich häufig zur Beobachtung gelangen.

Für das Studium der Einwirkung der Röntgenstrahlen auf den Eierstock hat die bedeutungsvolle Entdeckung von Albers-Schönberg aus dem Jahre 1903, daß bei männlichen Kaninchen und Meerschweinchen nach Einwirkung der Röntgenstrahlen Azoospermie und Sterilität eintritt, den ersten Anstoß gegeben. Als dann die histologischen Untersuchungen von Frieben, Selden u. a. als Ursache für diese Erscheinung eine Atrophie des Hodens erwiesen, ging man auch daran, die Empfindlichkeit der Eierstöcke auf Bestrahlung zu prüfen, und fand, daß es durch Bestrahlung leicht möglich ist, die Funktion der Ovarien auszuschalten. Besitzen wir doch beim Menschen ein fast unfehlbares Anzeichen für die Einstellung der Eierstocktätigkeit, das Ausbleiben der Menstruation.

Unsere Kenntnisse über die Strahlenbeeinflussung menschlicher Ovarien verdanken wir bekanntlich in erster Linie Reifferscheidt, der die nach Röntgenbestrahlung auftretenden Schädigungen an einer Reihe zum Teil in Serienschnitten durchforschter menschlicher Eierstöcke studierte und nach Bestrahlung schwere und ausgedehnte, tiefgreifende regressive Veränderungen des Follikelapparates nachweisen konnte. Heute wissen wir aus einer großen Reihe von Beobachtungen und Tierexperimenten, daß die einzelnen Bestandteile des Ovars eine verschiedene Strahlenempfindlichkeit besitzen. Während der reife oder der Reife nahestehende Follikel schon durch geringe Strahlendosen geschädigt wird, sind die kleinen Primordialfollikel und die Zellen des Corpus luteum wesentlich widerstandsfähiger.

Die Strahlenbehandlung bewirkt also durch Schädigung und degenerative Veränderungen an den Follikeln ein Aufhören der Eireifung und führt auf diese Weise den künstlichen Wechseleintritt herbei.

Wenn wir uns nun die Frage vorlegen, wie das nach Bestrahlung einsetzende Klimakterium verläuft, so müssen wir sagen, daß Störungen im Gesamtorganismus und sogenannte Ausfallserscheinungen nach Strahlenbehandlung ungemein häufig in wechselnder Stärke auftreten. Während in den meisten Fällen die Frauen nicht ernstlich darunter leiden, sind anderseits doch schwerste Beschwerden und Schädigungen des Allgemeinbefindens nach Strahlenbehandlung bekannt geworden. Nach Gauss finden sie sich in zirka 95% der Fälle. Fuchs errechnet aus seinen Beobachtungen 91,2%, Feldweg 92,27%. Sie bestehen der Hauptsache nach in einer erhöhten Erregbarkeit des vegetativen Nervensystems, die sich meist in besonders starken Schwankungen des Vasomotorenzentrums ausdrückt und zu Wallungen, Schweißausbrüchen, Kopfschmerzen und Ohrensausen führt. Speziell Wallungen sind es, die zu den fast regelmäßigen Symptomen nach Röntgenkastration gehören und die uns oftmals anzeigen, daß die verwendete Strahlendosis genügte, um das künstliche Klimakterium herbeizuführen. Daneben werden in manchen Fällen auch Herzbeschwerden beobachtet, die in Form von Herzschmerzen und Angina-pectoris-ähnlichen Zuständen, die auch mit Angstgefühlen verbunden sein können, einhergehen. Diese Symptome und Anfälle, die den bei natürlichem Eintritt der Klimax geschilderten völlig gleichen, werden von einzelnen Autoren (Aschner, Gal, Pollak) auf eine Blutdrucksteigerung, die nach Röntgenkastration zustande kommen soll, zurückgeführt. Auch im Magen- und Darmtrakt kann die Labilität im Bereich des vegetativen Nervensystems zu Beschwerden führen und in Form von Meteorismus, Flatulenz oder einer mit unvermittelt einsetzenden Diarrhoen einhergehenden Obstipation in Erscheinung treten. In seltenen Fällen sind auch Erkrankungen der Haut und am Bewegungsapparat nach Röntgensterilisation zu konstatieren, die mit der künstlich gesetzten Menopause in Zusammenhang gebracht werden. Schließlich kommen auch Störungen des psychischen Gleichgewichtes vor. Sie äußern sich manchmal in hochgradiger motorischer Unruhe und Zerfahrenheit, manchmal in starker Abgeschlagenheit und Müdigkeit. Oft ist in derartigen Fällen auch eine auffallende Gedächtnisschwäche nebst dem Gefühl der Leistungsfähigkeit zu bemerken, das zu schwer depressiven Zuständen, ja sogar zu Selbstmordgedanken führen kann. Ja es sind auch Fälle bekannt, wo nach Röntgenkastration schwere Geistesstörungen einsetzten. So berichtet z. B. Bumm von drei Fällen, wo Frauen unter 40 Jahren, wegen Myom bestrahlt, amenorrhoisch wurden und dann derart schwere psychische Störungen bekamen, daß eine Anstaltsbehandlung notwendig war. Ähnlich schwere depressive Zustände nach Bestrahlung hat auch Halban, Corscaden und Aschner beobachtet.

Nach dem Gesagten besteht wohl keinerlei Zweifel darüber, daß die nach Strahlensterilisation manchmal einsetzenden Störungen und

Beschwerden in ihrer Art dieselben sind wie die nach operativer Kastration und bei natürlichem Wechseleintritt. Es ist aber notwendig, zu untersuchen, ob sie sich nicht doch hinsichtlich der Häufigkeit ihres Vorkommens und ihrer Intensität von diesen unterscheiden. Wenn wir auch über die Häufigkeit der Ausfallserscheinungen in der natürlichen Klimax genital gesunder Frauen nicht durch zuverlässige Zahlen orientiert sind, so können wir nach unseren täglichen Beobachtungen doch annehmen, daß die von Gauss, Fuchs, Feldweg u. a. errechnete Zahl von zirka 90% Ausfallserscheinungen nach. Strahlensterilisation weit über das physiologische Maß hinausgeht. Selbst wenn man die bekannte von Kelen ˙hervorgehobene Anschauung zugrunde legt, daß Frauen mit gesteigertem Menstruationszyklus, die das Hauptkontingent der Bestrahlten darstellen, stärker als genital gesunde zu Ausfallserscheinungen und insbesondere zu vasomotorischen Störungen neigen, so muß man die für die Röntgenmenopause errechnete Ziffer doch als äußerst hoch und bei weitem normale Verhältnisse übersteigend bezeichnen.

Vergleich der nach operativer und Strahlenkastration auftretenden Ausfallserscheinungen

Vergleichen wir die Ausfallserscheinungen nach Röntgenbestrahlung mit denen nach operativer Kastration, so kommen wir zu folgenden Ergebnissen. Zwar ist es sicher, daß Frauen nach Strahlenbehandlung wesentlich häufiger mit allerlei neuen Beschwerden sich an uns wenden, während von operierten Kranken derartige Klagen wesentlich seltener zu vernehmen sind, doch haben die übereinstimmenden Untersuchungen verschiedenster Autoren ergeben, daß vasomotorische Ausfallserscheinungen und Wallungen in beiden Fällen ziemlich gleich oft auftreten. Nach Untersuchungen von Werth, Mainzer und Burckhardt sind nach operativer Entfernung der Eierstöcke Wallungen in 87,81% und 89,5% zu verzeichnen. Was aber den Grad der Gefäß-Nerven-Störungen anlangt, glaubt Gal, daß sie bei Frauen unter 40 Jahren nach Bestrahlung wesentlich häufiger und stärker auftreten als bei operierten Kranken des entsprechenden Alters. Pankow jedoch ist der Meinung, daß die Wallungen und Schweiße in ihrer Intensität nach operativer Kastration und nach Bestrahlung bis zur Amenorrhoe qualitative und quantitative Unterschiede nicht zeigen.

Störungen von seiten des Herzens treten nach übereinstimmender Ansicht von Gal, Fuchs, Pankow u. a. bei beiden Behandlungsmethoden in gleicher Häufigkeit und Stärke auf. Für ihre Entstehung sind neben innersekretorischen Einflüssen (Hyperfunktion der Schilddrüse) meist nervös-psychische Momente feststellbar.

Eine ziemlich häufig auftretende Erscheinung nach Röntgensterilisation ist die Klage über vermehrten, zuweilen brennenden Ausfluß, der die Patientin stark beunruhigen und quälen kann. Ich habe denselben wesentlich häufiger nach Bestrahlung als nach operativer Kastration nachweisen können. Er beruht auf vermehrter Transsudation der

Scheidenschleimhaut und ist leicht durch ein- bis zweimaliges Bepinseln der Scheide mit Jodtinktur und durch tägliche Holzessigspülungen zu beeinflussen und zum Schwinden zu bringen.

Auch ein mitunter recht lästiges Jucken in der Gegend des äußeren Genitales ist nicht so selten. Es läßt sich nicht immer mit der in der Klimax einsetzenden Schrumpfung der Geschlechtsteile in Zusammenhang bringen, da es oftmals auch auftritt, ohne daß selbst bei sorgfältigster Untersuchung Rückbildungs- und Schrumpfungsvorgänge an der äußeren Scham festzustellen sind. Gal, der gleichfalls den Pruritus bei künstlichem Klimakterium nicht so selten beobachtet hat, glaubt, daß derselbe nach operativer Kastration öfter zu beobachten ist. Nach Röntgenbestrahlung tritt in seinen Fällen nur in 4,3% Jucken auf, während 14% nach operativer Kastration über Juckgefühle klagten.

Auch Obstipation, Meteorismus und Flatulenz lassen sich entschieden öfter nach Keimdrüsenentfernung feststellen.

Von großer Bedeutung ist weiter die Frage nach der psychisch-nervösen Reaktion bei künstlich herbeigeführtem Klimakterium. Es ist sicher recht schwer zu entscheiden, bei welcher Art künstlich gesetzter Menopause psychische Störungen häufiger und stärker sind, da bei einem großen Teil der Fälle eine psychische Alteration schon vorher bestanden hat, und bei Individuen mit labilem Nervensystem das Auftreten nervöser Erscheinungen etwas sehr Häufiges ist. Fuchs ist zwar der Meinung, daß nach Bestrahlung Schädigungen des seelischen Gleichgewichtes wesentlich weniger oft auftreten als nach operativer Menopause, ein Umstand, der durch Ausfall des psychischen Traumas der Operation erklärlich wäre, doch glaube ich eher, wir können mit Gal sagen, daß in beiden Gruppen Nervenerscheinungen und seelische Störungen in gleichmäßiger Anzahl zu beobachten sind (12 bis 15%).

Deutliche Unterschiede sind jedoch im sexuellen Verhalten und in trophischen Störungen am Genitale und Gesamtorganismus zwischen den bis zur Amenorrhoe Bestrahlten und operativ Kastrierten nachzuweisen.

Was den wichtigen Einfluß vorzeitig herbeigeführten Klimakteriums auf das Geschlechtsleben anlangt, so kann es, glaube ich, nicht zweifelhaft sein, daß nach Röntgenmenopause eine deutliche Schonung des sexuellen Trieblebens im Vergleich mit operierten Frauen zu verzeichnen ist, eine Auffassung, die auch Seuffert nach den vielfachen Erfahrungen der Klinik Döderlein teilt und die auf Grund vergleichender Untersuchungen auch von Fuchs bestätigt wird. Nach Angaben von Fuchs soll nach Keimdrüsenentfernung die Voluptas durchschnittlich in zirka 70% deutlich vermindert sein oder erlöschen, während nach Röntgenmenopause die Libido nur in 21,4% eine geringere ist; in 78,5% bleibt sie erhalten oder ist sogar vermehrt.

Auch Atrophie der Scheide und der äußeren Geschlechtsteile tritt, wie fast alle Autoren übereinstimmend angeben, trotz Verkleinerung der Myome und trotz des Aufhörens der Blutungen nach Strahlenbehandlung in der Regel wesentlich seltener und geringergradig auf als nach Entfernung der Keimdrüsen. Dasselbe gilt von dem starken Fettansatz, der nicht so häufig und hochgradig wie nach operativer Kastration zu beobachten ist. Nach Erfahrungen der Freiburger Klinik ist er nach Bestrahlung nur in etwa 5% der Fälle festzustellen.

Besonders die Unterschiede in den trophischen Störungen, die zugunsten der Röntgenmenopause sprechen, lassen die Annahme gerechtfertigt erscheinen, daß es nach Strahlensterilisation nicht zu völligem Aufhören der Eierstockfunktion kommt, und daß sich dadurch die Strahlenbehandlung vorteilhaft von der Entfernung der Eierstöcke unterscheidet. Ja diese Tatsache hat sogar zur Annahme einer sogenannten interstitiellen Eierstockdrüse geführt, die durch die Strahlendosis, welche zur Herbeiführung der Menopause notwendig ist, nicht geschädigt wird, wodurch der geringere Grad oder das eventuelle Ausbleiben mancher nach Kastration verstärkt zu beobachtender Ausfallserscheinungen erklärt werden könnte.

Allerdings wird das Vorhandensein eines eigenen interstitiellen Drüsenorganes zur Zeit der Geschlechtsreife von verschiedenen Autoren besonders auf Grund histologischer Bilder geleugnet, die es wahrscheinlich machen, daß schon lange vor dem ersten Auftreten des Corpus luteum die sogenannte interstitielle Eierstockdrüse beim Menschen bis auf ein Minimum schwindet, so daß die Funktion des Eierstocks zur Zeit der Geschlechtsreife an den Follikelapparat gebunden ist, ein Standpunkt, der heute so ziemlich von allen Gynäkologen geteilt wird. Die Existenz einer eigenen interstitiellen Eierstockdrüse ist aber zur Klärung der oben erwähnten Tatsache gar nicht notwendig. Auch ohne ihr Vorhandensein glaube ich nicht, daß nach Sterilisationsbestrahlung jedweder Einfluß des Ovariums auf den Gesamtorganismus zugrunde geht. Dafür sprechen histologische Bilder der Ovarien nach Kastrationsbestrahlung, klinische Erfahrungen und Stoffwechseluntersuchungen.

Schon Reifferscheidt, dem wir als erstem genaue mikroskopische Untersuchungen menschlicher Ovarien nach Strahlenbehandlung verdanken, hat festgestellt, daß nach Strahlendosen, wie sie zur Herbeiführung der Amenorrhoe gegeben werden, wohl schwere und ausgedehnte Schädigungen des Follikelapparates zustande kommen und das histologische Bild beherrschen, daß aber hie und da einzelne Anteile des Follikelsystems ungeschädigt erhalten bleiben. Auch R. Meyer konnte eine gewisse Resistenz dieser spezifischen Eierstockelemente gegen den Strahleneinfluß konstatieren, Befunde, die in gleichgerichteten Untersuchungen von Wallart, Vera Rosen, Fuchs, Haendly u. a. ihre Bestätigung fanden. Nach Reifferscheidt tritt ein Zugrundegehen aller Follikelepithelien erst nach Verabreichung der sogenannten Karzinom- oder wenigstens Sarkomdosis auf, eine Meinung, der sich auch Seuffert auf Grund der Erfahrungen der Münchner Klinik anschließt, ja Sachs, der sich ebenfalls mit der Wirkung der Kastrationsbestrahlung und ihrem Einfluß auf die nachfolgende Eireifung in Untersuchungen aus der Klinik Stoeckels befaßt, ist geneigt, der Dosis überhaupt nur eine untergeordnete Bedeutung beizumessen und glaubt, daß vielmehr die Fähigkeit der übrigen innersekretorischen Organe, die Strahlenschädigung wieder auszugleichen, ausschlaggebend ist. Wenn auch diesbezüglich bis heute noch nichts Sicheres gesagt werden kann, so läßt sich doch wiederholt, bei Bestrahlungen im geschlechtsreifen Alter die Beobachtung machen, daß selbst die Verabreichung von etwas mehr als der Kastrationsdosis nicht immer zur Daueramenorrhoe führt, sondern daß nicht so selten trotz dieser verabfolgten Strahlenmenge nach einer gewissen Zeit wieder regelmäßige Blutungen eintreten, die eine Erholung des Follikelapparates von der Bestrahlung beweisen. Es ist nun gewiß, wie Pankow bei Besprechung dieser Frage richtig hervorhebt, keine gezwungene Auffassung, wenn man sich vorstellt, daß es in dem noch nicht völlig zugrunde gegangenen Follikelapparat auch zur Zeit der bestehenden Amenorrhoe zu einem Anlauf von Reifungsvorgängen, jedoch nicht zu völligem Heranreifen von Follikeln kommt. Ihre wenngleich spärliche Funktion würde die Fortdauer des Überganges spezifischer ovarieller Stoffe in den Gesamtorganismus auch zur Zeit bestehender Amenorrhoe erklären und damit die geringere Stärke mancher Ausfallserscheinungen und Störungen nach Strahlenbehandlung im Vergleich zu operativer Kastration dem Verständnis näherbringen.

Daß tatsächlich nach Röntgenbestrahlung bis zur Amenorrhoe der Einfluß des Ovariums auf den Gesamtorganismus nicht immer völlig, trotz Bestehens mancher Ausfallserscheinungen, zugrunde geht, scheint mir auch aus Stoffwechseluntersuchungen von Wintz hervorzugehen, der in jenen Fällen, in welchen nach gewisser Zeit neuerliche Regelblutungen auftraten, trotz bestehender Amenorrhoe nicht dieselben Stoffwechselveränderungen wie nach Entfernung der Keimdrüsen fand.

Es wurde früher bereits des öfteren erwähnt, daß die nach Entfernung der Keimdrüsen oder Röntgensterilisation auftretenden Störungen ganz individuell verschiedene Unterschiede aufweisen. Während sie das eine Mal nur gering, kaum stärker als bei natürlichem Eintritt der Wechseljahre einsetzen, stellen die sogenannten „Ausfallserscheinungen" bei vielen anderen Frauen nach künstlich herbeigeführter Menopause ein mehr oder minder schweres Leiden dar. Wenn wir uns nun fragen, wovon die Schwere der genannten Störungen bei künstlich herbeigeführter Klimax abhängig ist, so müssen wir vor allem auf die Widerstandsfähigkeit des Nervensystems, das hiebei eine außerordentlich wichtige, nicht zu unterschätzende Rolle spielt, Rücksicht nehmen. Es ist eine allgemeine Erfahrungstatsache, daß nervöse Patientinnen viel stärker unter den Folgen des künstlich gesetzten Wechseleintrittes zu leiden haben, und fast niemals machen wir die Beobachtung, daß schwere Störungen bei nervengesunden Personen einsetzen. Diese Abhängigkeit von der Gesundheit des Nervensystems hat dazu geführt, daß von einzelnen Autoren, insbesondere von Walthardt, ein ursächlicher Zusammenhang der auch nach künstlichem Wechseleintritt auftretenden Störungen mit dem Ausfall der Keimdrüsenfunktion geleugnet wurde. Er vertritt den Standpunkt, daß alle Folgeerscheinungen des künstlichen Wechsels Ausdruck einer schon vorher bestehenden psychoneurotischen

Anlage sind, eine Anschauung, die auch vom Psychiater Dubois geteilt wird. Wenn nun auch tatsächlich die große Bedeutung einer psychoneurotischen Komponente bei Entstehung der Ausfallserscheinungen nicht geleugnet werden kann, so ist es doch anderseits nicht zweifelhaft, daß eine Verschärfung dieser Beschwerden gerade durch das künstliche Ausscheiden der Eierstocktätigkeit erfolgt, oder daß bei vorher gesundem Nervensystem der plötzliche Ausfall der Ovarialfunktion erstmalig eine Psychoneurose bewirkt. Vogt glaubt, daß die Stärke der nach Bestrahlung einsetzenden Folgeerscheinungen weitgehend von der Vita sexualis abhängig sei. Frauen, die aus Angst vor Konzeption nicht zur Voluptas kamen, sollen auf die Bestrahlung günstig reagieren, solche aber, bei denen die Gewißheit der Konzeptionsmöglichkeit zur Voluptas gehört, nicht. Er befürwortet deshalb eine psychotherapeutische Behandlung der nach der Bestrahlung recht suggestiblen Frauen. Demgegenüber möchte ich jedoch betonen, daß es ja immerhin sein kann, daß auch in einzelnen Fällen derartige unbewußte Gedankengänge eine Rolle spielen. Oftmals ist dies aber gewiß nicht der Fall. Wir müssen uns hüten, die Beziehung zwischen Psyche und Röntgentherapie allzusehr zu überschätzen.

Außer der Widerstandsfähigkeit des Nervensystems, die sicher in der Frage der Intensität der Ausfallserscheinungen die wichtigste Rolle spielt, ist auch das Alter, in dem die künstliche Menopause erfolgt, von Bedeutung. Fast von allen Autoren wird übereinstimmend der Meinung Ausdruck verliehen, daß die Herbeiführung des Wechsels in jüngeren Jahren stets von stärkeren Beschwerden gefolgt ist. Gilt dies gewiß für die Beurteilung der Folgen nach Entfernung der Keimdrüsen, so weisen anderseits auch Bumm, Franz, Stöckel, v. Jaschke, Peham, Halban und Sellheim darauf hin, daß auch nach Röntgenbestrahlung im jugendlichen Alter die Störungen häufig so schwere sind, daß das Bestrahlen jüngerer Frauen durchaus zu verwerfen sei. Nur wenige, z. B. Opitz, Walthardt, Feldweg u. a., lassen die Jugend der Patientin an sich nicht als Kontraindikation gegen die Bestrahlung gelten. Letztgenannten Autoren gegenüber möchte aber auch ich auf Grund unserer klinischen Erfahrung betonen, daß jüngere Individuen, speziell wenn gleichzeitig eine nervöse Veranlagung vorliegt, die Bestrahlungsfolgen vielfach äußerst schwer empfinden, und daß die von Peham betonte Tatsache, daß jüngere Patientinnen ihren Zustand mit den Blutungen oft weitaus erträglicher fanden als die nach dem Bestrahlen auftretenden Beschwerden, in einem großen Teil der Fälle, besonders bei gleichzeitiger psychoneurotischer Anlage, sicher zu Recht besteht. Wir müssen uns deshalb auch Halban anschließen, der eine individuell zu verschiebende Altersgrenze von 42 bis 45 Jahren, in der allein Kastrationsbestrahlungen vorgenommen werden sollten, am zweckmäßigsten erachtet.

Im jugendlichen Alter ist aber nicht nur die Intensität der Ausfallserscheinungen eine erhöhte, die Beschwerden können bei nervösen Individuen auch besonders lang, ausnahmsweise selbst bis zu mehreren

Jahren, anhalten. Die Auffassung Sellheims, der eine geänderte Tätigkeit des Eierstocks nach Bestrahlung zur Erklärung heranzieht, die er nach Untersuchungen Küstners annehmen zu müssen glaubt, der bei röntgenbehandelten Fällen — im Gegensatz zu operativ kastrierten — Abbau von Eierstockgewebe durch das Blut der behandelten Frauen beobachten konnte, muß wegen der vielfachen methodischen Bedenken dieser Untersuchungsmethode als noch gänzlich unsicher angesehen werden.

Sind die nach künstlichem Klimakterium einsetzenden Folgeerscheinungen durch das Ausbleiben der Menstruation bedingt?

Mit der Frage der nach künstlicher Menopause einsetzenden Folgeerscheinungen hat sich weiters vor allem Aschner beschäftigt. Er faßt die dabei auftretenden Beschwerden, die nach ihm ein „schweres, meist lebenslänglich dauerndes Siechtum und oft genug lebenverkürzende Folgekrankheiten" darstellen, nicht wie die Mehrzahl der übrigen Autoren unter dem Gesichtswinkel des Ovarialausfalles als pluriglanduläre Symptome und Störungen im inkretorischen Zusammenspiel der Drüsen auf, sondern ist der Meinung, daß es sich hiebei um einen Autointoxikationszustand, bedingt durch das Ausbleiben der monatlichen Blutausscheidung und „Reinigung", handelt. Dementsprechend bestreitet er auch, daß bei alleiniger Entfernung der Gebärmutter mit Belassung der Eierstöcke die Beschwerden milder seien als nach operativer oder Röntgenkastration, und erklärt sich als heftigen Gegner der künstlichen Menopause, die in vielen Fällen nebst „Symptomen einer vorzeitigen Arteriosklerose und damit vorzeitigen Alterns" dyskrasische Zustände, Plethora und eine große Zahl akuter oder chronischer Entzündungsprozesse hervorruft.

Daß selbst die alleinige Uterusexstirpation in einer Anzahl von Fällen Störungen des Allgemeinbefindens hervorrufen kann, ist seit langem bekannt. Sie bestehen der Hauptsache nach in Beschwerden, die als Molimina menstrualia bezeichnet werden. Wir verstehen darunter Symptome, die zur Zeit der nicht mehr eintretenden Periode in Erscheinung treten. Zuweilen sind es zyklische Wallungen und Herzklopfen, das mit allgemeiner Müdigkeit und Unlust verbunden ist, zuweilen Schmerzen, die im Kreuz und Rücken lokalisiert nach dem Unterleib und nach den Beinen hin ausstrahlen und den bei Dysmenorrhoe bekannten Klagen gleichen. Die Molimina menstrualia stellen, wie schon Werth angenommen hatte, oftmals nichts anderes als die Fortdauer von Beschwerden dar, die schon vor der Operation bestanden, und sind nach Auffassung Pankows vielleicht ähnlich zu deuten wie die Schmerzen, die nach Amputation scheinbar in dem entfernten Glied empfunden werden. Außer diesen zyklischen Beschwerden finden sich aber mitunter auch noch Allgemeinstörungen, die denen nach operativer Kastration gleichen, also azyklisch auftreten und durch die allmähliche Schrumpfung und Atrophie der Ovarien nach Uterusexstirpation ihre Erklärung finden.

Von der überwiegenden Mehrzahl der Autoren, so vor allem von Bumm, Franz, Peham, Sellheim, Pankow, v. Jaschke u. a., wird aber angenommen, daß die nach alleiniger Hysterektomie einsetzenden Störungen weder an Häufigkeit noch an Intensität mit den nach operativer oder Röntgenkastration bekannten Folgezuständen zu vergleichen sind, und Franz teilt eine Tabelle Lundquists mit, aus der hervorgeht, daß bei Röntgenkastration oder Entfernung der Eierstöcke etwa dreimal so häufig Ausfallserscheinungen auftreten als bei Exstirpation der Gebärmutter allein.

			Operation	
	Röntgen	Radium	mit Entfernung	ohne Entfernung
			der Ovarien	
Fälle	32	25	136	81
keine Symptome	15,6%	12%	19,3%	54,4%
leichte „	31,3%	40%	33,0%	28,4%
schwere „	53,1%	48%	47,7%	17,2%

Diese von Lundquist angegebenen Zahlen stimmen auch mit den Erfahrungen von Gal, Steinhardt u. a. überein, die gleichfalls nachweisen konnten, daß die Entfernung des Uterus allein wesentlich besser als die operative und Röntgenkastration vertragen wird, und daß mehr als die Hälfte aller Frauen völlig frei von Folgeerscheinungen bleiben.

Ist schon daraus zu ersehen, daß es nicht angängig sein kann, die Kastration mit der Entfernung der Gebärmutter unter Belassung der Adnexe auf eine Stufe zu stellen und das Ausbleiben der Regelblutung für die Ausfallserscheinungen verantwortlich zu machen, so scheint es mir auch unrichtig, lebenslängliche und lebenverkürzende Krankheitszustände als Folge künstlicher Menopause zu betrachten.

Bei Beschreibung der schädlichen „Spätfolgen nach Uterusexstirpation sowie operativer und radiotherapeutischer Kastration" stellt Aschner die vorzeitige Arteriosklerose und Blutdrucksteigerung in den Vordergrund der Erscheinungen und kommt zu dem Schluß, daß im künstlichen Klimakterium ein pathologisch gesteigerter Blutdruck außerordentlich oft zu beobachten ist, der nicht nur die äußerst unangenehmen subjektiven Beschwerden, Wallungen, Herzklopfen, Gefäßkrämpfe und Parästhesien, hervorruft, sondern auch eine Dilatation des Herzens, der Aorta, Schrumpfnieren und Apoplexien in verhältnismäßig jungen Jahren bewirken kann, Zustände, die als vorzeitige Arteriosklerose bezeichnet werden müssen und gegen deren Bekämpfung sich der Aderlaß als wirksamstes Mittel erweist. Die Frage der klimakterischen Blutdrucksteigerung geht, wie schon bei Besprechung der Verhältnisse im natürlichen Wechsel erwähnt wurde, vor allem von Untersuchungen Schickeles aus, der bei 80% aller Frauen mit klimakterischen Beschwerden eine Erhöhung der Druckwerte beobachtet hat. Er erklärt sie durch den Ausfall der Keimdrüsentätigkeit, da Preßsaft aus dem Ovar den Blutdruck durch längere Zeit herabsetzt und die Adrenalinkurve durch große Mengen von Ovarialextrakten plötzlich unterbrochen wird. Von Pelnar, Kisch und von v. Jaschke wird gleichfalls eine Erhöhung des Blutdrucks im Klimakterium angenommen.

Strassmann hingegen gelangt auf Grund eines großen Untersuchungsmaterials zu anderen Ergebnissen. Wenn er auch gleich Schickele und den übrigen nach natürlicher Klimax und operativer Kastration Blutdrucksteigerungen bis über 30 mm Hg nachweisen konnte, so fand er doch nach Röntgenbestrahlung der Eierstöcke im Gegensatz zu operativ kastrierten Fällen keine Hypertonie. Er glaubt deshalb, daß nach Röntgenbestrahlung trotz bestehender Ausfallserscheinungen die innere Sekretion des Ovariums mit ihrer blutdruckherabsetzenden Wirkung bestehen bleibt. Auch Wolmershäuser konnte in 75% nach Strahlenkastration eine Senkung des Blutdruckes beobachten und vertritt die Anschauung, daß diese durch Herabsetzung des Tonus in den kleineren Gefäßen, die eine Erweiterung des Lumens bewirkt, zustande kommt. Moosbacher und Meyer bestreiten gleichfalls Schickeles Ansicht und konnten sowohl im natürlichen Klimakterium als auch nach Kastration Blutdrucksenkungen in einem Viertel der Fälle feststellen. In jüngster Zeit haben sich Kraul, Steinhardt und Lehfeld mit der Frage der Hypertonie nach künstlichem Wechseleintritt beschäftigt. Sie alle treten Aschners und Schickeles Ansicht entgegen und weisen nach, daß sowohl bei operativer Entfernung der Eierstöcke als auch bei alleiniger Entfernung der Gebärmutter und nach Strahlenkastration dieselben Blutdruckverhältnisse vorhanden sind und keinerlei Erhöhung des Blutdruckes trotz bestehender, zum Teil quälender Ausfallserscheinungen eintritt. Die Verschiedenheit der Befunde scheint uns durch die schon von Wiesel betonte außerordentliche Labilität der Blutdruckwerte und das Schwanken derselben innerhalb weiter Grenzen im Wechsel erklärt, worauf wir schon bei Besprechung des natürlichen Klimakteriums hingewiesen haben. Diese Schwankungen kommen, wie erwähnt, durch die plötzlich auftretenden Krampfzustände in gewissen Gefäßbezirken zustande und haben mit dauernd hypertonischen Zuständen nichts zu tun. Auch Jagić pflichtet Wiesels Anschauung bei und fordert, daß bei den in verschwindend geringer Anzahl vorkommenden Fällen, in denen zur Zeit des Wechsels eine dauernde Erhöhung des Blutdruckes besteht, mit aller Energie nach organischen Erkrankungen gefahndet werden müsse, die mit einer Erhöhung des Blutdruckes einhergehen (Nephritis, Sklerose, Aortenlues).

Es erscheint somit nicht zweifelhaft, daß auch bei künstlich hervorgerufenem Wechsel eine dauernde Erhöhung des Blutdruckes nicht besteht, weshalb die Befürchtung Aschners, daß durch operative und Strahlenkastration, ja selbst durch Entfernung der Gebärmutter allein arteriosklerotische und hypertonische Zustände hervorgerufen werden, die zu schwerer Schädigung der Patientin führen können, nicht zutrifft. Was die Angabe Schickeles anlangt, daß Preßsaft aus dem Ovar den Blutdruck durch längere Zeit herabsetzt, so wissen wir heute, daß es sich bei Einverleibung jener Preßsäfte nicht um eine spezifische Wirkung des Eierstocks gehandelt haben kann, da ähnliche Ergebnisse auch mit anderen Drüsensäften zu erzielen sind, so daß es am wahrscheinlichsten ist, daß die von Schickele beobachtete Wirkung des Ovarialextraktes als reine Peptonwirkung aufzufassen ist. Auf alle Fälle kommt dem von Zondek dargestellten Follikulin, in dem wir ja heute das spezifische Eierstocksekret sehen, keinerlei blutdruckbeeinflussende Wirkung zu.

Aber nicht nur hypertonische Zustände bedrohen nach Kastration oder Entfernung der Gebärmutter, wie Aschner glaubt, die Gesundheit, es soll auch eine abnorme Blutfülle des Organismus durch das Ausbleiben der Regelblutungen eintreten. Dieser erhöhte Blutreichtum, diese Plethora, bedingt nach seiner Ansicht nicht nur die subjektiven Beschwerden, die Wallungen und Kongestionen, sondern kann auch Blutungen ins Gewebe und apoplektische Insulte veranlassen. Auch dieser Auffassung Aschners muß widersprochen werden. Ganz abgesehen davon, daß oftmals die von Aschner auf einen abnormen Blutreichtum bezogenen Störungen bei völlig ausgebluteten und anämischen Kranken zur Beobachtung gelangen, sind sie auch oftmals schon vor dem Aufhören menstrueller Blutungen nachzuweisen, also zu einer Zeit, wo von einer Retentionstoxikose durch das Ausbleiben der monatlichen „Reinigung" noch nicht die Rede sein kann. Daß tatsächlich nach dem Sistieren der Menses keine Plethora vorhanden ist, geht aus Beobachtungen von Kraul und Steinhardt hervor, die trotz lästiger Beschwerden und Ausfallserscheinungen stets normale Blutbilder gefunden haben. Auch in eigenen darauf gerichteten, nicht veröffentlichten Untersuchungen konnte in keinem Fall von operativer oder Strahlenkastration eine Vermehrung des Blutvolumens festgestellt werden.

Was schließlich die nach dem Aufhören der menstruellen Blutungen einsetzenden dyskrasischen Zustände anlangt, die zu einer Reihe akuter und chronischer Entzündungsprozesse führen und in einer „sauren Schärfe" des Blutes bestehen, so ist uns, wie Köhler richtig hervorhebt, Aschner den Beweis für diese seine Meinung schuldig geblieben, obzwar wir einwandfreie Methoden zur Feststellung einer Übersäuerung des Blutes besitzen. Daß tatsächlich keinerlei durch den Ausfall der Menstruation im Körper zurückgehaltene toxische Stoffe für die Störungen der Menopause verantwortlich zu machen sind, geht mit Sicherheit, wie Beclere gegenüber Tuffier, der die gleiche Anschauung wie Aschner vertritt, betont, daraus hervor, daß nach temporärer Strahlensterilisation in den meisten Fällen das Verschwinden der vasomotorischen Erscheinungen oft längere Zeit vor dem Wiedereintreten der Menses festgestellt werden kann, also in einem Augenblick, bevor noch eine Ausscheidungsmöglichkeit der toxischen Stoffe mit dem Menstrualblut möglich gewesen wäre. Einen weiteren Gegenbeweis sieht Beclere in mehreren anderen Fällen, bei denen zwar eine mensesartige Blutung nach Röntgenamenorrhoe wieder auftrat, die Störungen der Menopause jedoch weiter bestanden. In diesen Fällen war stets eine nichtovarielle Ursache der menstruationsähnlichen Blutung sicher festzustellen. Es trat also trotz der Möglichkeit der Ausscheidung toxischer Stoffe durch die bestehende Blutung kein Nachlassen der vasomotorischen Störungen ein.

Aus dem Gesagten ergibt sich, daß wir Aschners Ansicht bezüglich der Ursache der nach Ausbleiben der Menstruation zutage

tretenden Ausfallserscheinungen gewiß nicht teilen können. Auch sind
wir der Meinung, daß er irrt, wenn er eine Reihe verschiedenartigster
schwerer Erkrankungen mit der künstlichen Menopause in ursächlichen
Zusammenhang bringt. Außer arteriosklerotischen Störungen werden
ja auch Blutungen in den Augenhintergrund, Gehirnhämorrhagien,
Ulzera der Hornhaut, Gallensteinleiden, Nierenerkrankungen nebst ver-
schiedenartigsten katarrhalischen Zuständen auf die künstliche Menopause bezogen, obwohl in vielen seiner Fälle die Herbeiführung künstlicher Klimax schon mehrere Jahre, ja Jahrzehnte zurücklag. So macht
er beispielsweise für gichtische Erkrankungen in den Knien und einen
Stirnhöhlenkatarrh bei einer 64jährigen Frau die an ihr vor 29 Jahren
vorgenommene Entfernung der Gebärmutter verantwortlich und kon-
struiert aus dem post hoc ein propter hoc. Auf diese Weise lassen sich
Folgezustände nach künstlicher Klimax nicht erkennen. Der Nachweis ursächlichen Zusammenhanges kann höchstens dann erbracht
werden, wenn wir feststellen, daß alle die genannten Erkrankungen
nach künstlich herbeigeführtem Wechsel häufiger zur Beobachtung
gelangen als bei der gleichen Anzahl unbehandelter gleichaltriger Frauen.
Und diesen Nachweis ist uns Aschner bis heute schuldig geblieben.

Wenn wir zum Schluß alles über das künstliche Klimakterium
Gesagte zusammenfassen, so ist es sicher, daß sowohl nach operativer
als auch nach Strahlenkastration Ausfallserscheinungen auftreten, die
jenen bei natürlichem Wechseleintritt gleichen, aber in der Regel häufiger
und intensiver zu beobachten sind als in der natürlichen Klimax.

Die Stärke und Häufigkeit der Ausfallserscheinungen nach Kastration
im geschlechtsreifen Alter ist vom Alter des Individuums abhängig.
Die Störungen sind stärker bei noch voll funktionierendem Eierstock,
geringer, wenn der künstliche Wechsel bei Frauen erfolgt, die schon
im gewöhnlichen Alter der Wechseljahre stehen. Auch eine längere
Dauer der Erscheinungen ist in jüngeren Jahren die Regel.

Die Folgeerscheinungen der operativen und Strahlenkastration
sind in hohem Maße vom psychisch-nervösen Zustand der Kranken
abhängig und treten bei psycho-neurotischer Anlage ungleich häufiger
und quälender auf.

Im großen und ganzen sind die nach Röntgenbestrahlung auftretenden Ausfallserscheinungen in qualitativer und quantitativer
Hinsicht denen nach Entfernung der Eierstöcke gleich, wenn sich auch
kleinere Unterschiede gegenüber der operativen Kastration besonders
in trophischer Hinsicht ergeben, die zugunsten der Strahlenbehandlung
sprechen.

Die Gebärmutterentfernung allein wird von mehr als der Hälfte
der Frauen symptomlos vertragen, und auch dann, wenn Störungen
allgemeiner Natur nach alleiniger Exstirpation des Uterus auftreten,
sind diese, verglichen mit jenen nach operativer oder Strahlenkastration,
unbedingt wesentlich geringer uud bei weitem weniger quälend und
lästig. Daraus allein schon folgt, daß Aschners Meinung, klimakterische

Ausfallserscheinungen entstünden durch Retention von „Menotoxinen“, unrichtig ist.

Schließlich muß betont werden, daß die Annahme Aschners, die künstliche Menopause rufe in der Mehrzahl der Fälle lebenslängliche und lebenkürzende Krankheitszustände hervor, mit den allgemein gemachten Erfahrungen in schroffem Widerspruch steht, und daß wirklich ernste Folgezustände, für die das künstlich herbeigeführte Klimakterium verantwortlich gemacht werden kann, nur extrem selten beobachtet werden.

Was die Therapie der Schädigungen anlangt, die nach künstlich herbeigeführtem Wechsel mitunter einsetzen, so ist sie die gleiche wie bei pathologischem Verlauf der Wechseljahre. Es ist also nicht notwendig, nochmals näher darauf einzugehen.

Wenn wir nun zum Schluß uns noch an Hand dieser Feststellungen die Frage vorlegen, ob wir der operativen Therapie oder der Bestrahlung bei der Behandlung von Myomen und Metropathien den Vorzug gewähren sollen, so müssen wir sagen, daß hiebei einmal das Alter der betreffenden Patientin eine Rolle spielt.

Handelt es sich um Kranke in jüngeren Jahren, so werden wir nach Möglichkeit eine Kastration in Anbetracht der mitunter schweren Spätschädigungen zu vermeiden trachten und möglichst konservative Operationsmethoden in Anwendung bringen. Nach Tunlichkeit ist hier eine Enukleation der Myomknoten oder die hohe supravaginale Amputation des Uterus mit Erhaltung eines menstruierenden Stumpfes am Platz, für die besonders Bumm und Franz warm eintreten. Ist die Belassung des Uterus nicht angängig, so tritt die Entfernung der Gebärmutter mit Schonung des Ovarialgewebes in ihr Recht, da in der Tat die Hysterektomie bezüglich der Ausfallserscheinungen gegenüber der operativen Kastration und der Röntgenbestrahlung entschieden besser gestellt ist.

Von denselben Erwägungen werden wir uns auch dann leiten lassen, wenn es sich um nervöse oder psychopathisch veranlagte Frauen in dem durchschnittlichen Alter der Wechseljahre handelt. Auch hier lassen wir in Anbetracht der oftmals schweren Folgeerscheinungen die Hysterektomie mit der Bestrahlung in Konkurrenz treten. Nicht in dem Sinne, daß wir die Frauen, die häufig vor einem operativen Eingriff Angst empfinden, mitentscheiden lassen; sondern daß wir in solchen Fällen den Patientinnen den operativen Eingriff, der weniger schwere Spätfolgen zeitigt, trotz der an und für sich größeren Gefährlichkeit dieser Behandlungsmethode gegenüber der Bestrahlung, direkt empfehlen.

Für alle übrigen in dem durchschnittlichen Alter vor 42 bis 45 Jahren befindlichen Fälle aber ist — mit den bei Besprechung der Myome genannten Einschränkungen — die Strahlensterilisation die Methode der Wahl, der die wenngleich auch geringe Gefahr des operativen Eingriffes nicht anhaftet. Wissen wir doch, daß trotz der Beherrschung der operativen Technik die Myomoperation doch noch mit einer durchschnittlichen Mortalität von 2% belastet ist.

Unter diesen Einschränkungen, die uns ein nicht schematisches, sondern individualisierendes Vorgehen je nach den Besonderheiten des Einzelfalles zur Pflicht machen, besitzen wir in der Strahlentherapie ein außerordentlich wertvolles therapeutisches Hilfsmittel, dessen Wert nicht zuletzt auch in der Gefahrlosigkeit für das Leben der Kranken liegt. Durch geeignete Auswahl der Fälle nach den oben genannten Gesichtspunkten lassen sich Mißerfolge zum großen Teil vermeiden.

Schlußbemerkungen

Damit bin ich am Schluß der mir gestellten Aufgabe angelangt. Bei der Fülle des Stoffes und der verschiedenen in Betracht kommenden Fragen wird natürlich auch das, was ich bieten konnte, bloß Stückwerk bleiben. Ich hoffe aber, die verschiedenen Störungen und Gefahren der Wechseljahre doch insoweit aufgezeigt zu haben, daß es dadurch möglich wird, bei einem Teil der in dieser Zeit verschiedentlich vorgebrachten Klagen und Beschwerden den Zusammenhang mit dem Erlöschen der Keimdrüsentätigkeit zu erkennen, und bei anderen, die dem Ausfall der Ovarialfunktion fälschlicherweise zugeschrieben werden, als Ursache eine oft gefährliche, schwere anderweitige Erkrankung festzustellen. Ist dies gelungen, so ist schon vieles für das Wohl der uns anvertrauten Kranken getan, denen durch wohlmeinenden Rat und sachgemäße Behandlung zu helfen wir als Ärzte verpflichtet sind.

Literaturverzeichnis

Adler: Zur Physiologie und Pathologie der Ovarialfunktion. Arch. f. Gynäkol., Bd. 95.
— Zur Frage der ovariellen Blutungen. Gynäkol. Rundschau, Bd. 10. 1916.
— Die Uterusblutungen und ihre Behandlung. Wien. med. Wochenschr., Nr. 47. 1921.
— Über Endometritis, Metritis, hypertrophische und hyperplastische Zustände des Corpus uteri. Wien. klin. Wochenschr., Nr. 31. 1924.
— Wien. klin. Wochenschr., Jahrg. 37. 1924.
— Zentralbl. f. Gynäkol., Nr. 10. 1922.
— Zentralbl. f. Gynäkol., Nr. 12. 1925.
Albrecht: Pathologische Anatomie und Genese der Myome. Biol. u. Pathol. d. Weibes v. Halban-Seitz, Bd. 4. Berlin-Wien: Urban u. Schwarzenberg.
— Über Stillung kapillärer und parenchymatöser Blutungen. Wien. klin. Wochenschr., H. 23. 1922.
Allmann, J.: Operation oder Bestrahlung bei klimakterischen Blutungen? Zentralbl. f. Gynäkol., Nr. 26. 1918.
Altenburger: Pflügers Arch. f. d. ges. Physiol. 1924.
Archangelski, P.: Die Behandlung der klimakterischen Blutungen und der Fibrome im Lichte der modernen Röntgentherapie. Klinitscheskaja medizina, H. 3/4. 1923.
Aschner: Über schädliche Spätfolgen nach Uterusexstirpation sowie operativer und radiotherapeutischer Kastration. Arch. f. Gynäkol., Bd. 124. 1925.
— Über die exkretorische Bedeutung des Uterus und der Menstruation und ihre praktischen Folgen. Arch. f. Gynäkol., Bd. 117. 1922.
— Die Überlegenheit der erweiterten Myomoperation über die Radikaloperation und Röntgenkastration. Zeitschr. f. Geburtsh. u. Gynäkol., Bd. 89. 1926.
— Die Konstitution der Frau. München: J. F. Bergmann. 1924.
— Die Blutdrüsenerkrankungen des Weibes. Wiesbaden: J. F. Bergmann. 1918.
Babesch und Buia: Ovariale Opotherapie in der Behandlung des Pruritus vulvae. Zentralbl. f. Gynäkol. 1913.
Bailleau, M. R.: Les tachycardies de la ménopause. Gaz. des hôp. 1901.
Bandler, S. W.: What is the climacterium? Med. Record. Ref. The med. Age. 1906.
Barbour, A. H. F.: Climacteric Haemorrhage due to sclerosis of the uterine vessels. Journ. of obstetr. a. gynaecol. of the Brit. Empire. 1905.
Barth, O.: Über das Vorkommen menstrueller Blutungen nach restloser Entfernung beider Ovarien. Inaug.-Diss. Straßburg. 1925.
Bauer, R.: Hautaffektionen der Wechseljahre und ihre Therapie. Zentralbl. f. Gynäkol. 1923.
Béclère, A.: Etude radiobiologique de l'activité dans ses rapports avec la menstruation et les troubles vasomoteurs de la ménopause. Bull. de l'acad. de méd., Bd. 92. 1924.

Berblinger, W.: Klimakterische Gesichtsbehaarung und endokrine Drüsen. Zeitschr. f. d. ges. Anat., Abt. 2; Zeitschr. f. Konstitutionslehre, Bd. 10. 1924.

Berger, C.: Beitrag zur Frage von den Folgezuständen der Kastration, insbesondere von deren Einfluß auf den Stoffwechsel. Zentralbl. f. Gynäkol. 1905.

Berger-Löwy: Über Augenerkrankungen sexuellen Ursprunges. Wiesbaden: J. F. Bergmann. 1906.

Beuthner, O.: Experimentelle Untersuchungen zur Frage der Kastrationsatrophie des Uterus. Zeitschr. f. Geburtsh. u. Gynäkol., Bd. 78. 1916.

Binswanger: Die Hysterie. Wien. 1904.

Blamoutier: Goitre exophtalmique et craurosis de la vulve survenant après la ménopause. Etude pathogenique et therapeutique. Paris méd., Jahrg. 12, H. 14. 1922.

Börner: Die Wechseljahre der Frau. Stuttgart: F. Enke. 1886.
— Über nervöse Hautschwellungen als Begleiterscheinung der Menstruation und der Klimax. Volkmanns Samml. klin. Vorträge, H. 312. 1888.

Borak: Über die Behandlung klimakterischer Ausfallserscheinungen mit Bestrahlung der Hypophyse und Thyreoidea. Therapia, H. 4. 1925.
— Die Behandlung klimakterischer Ausfallserscheinungen durch Röntgenbestrahlung der Hypophyse und Schilddrüse. Münch. med. Wochenschr., H. 26. 1924.

Bossi: Über Magengeschwüre im Klimakterium. Zentralbl. f. inn. Med. 1904. Ref. Zentralbl. f. Gynäkol. 1905.

Breisky: Zeitschr. f. Heilk. 1885.

Bucura: Leukoplakie und Karzinom der Vulva. Wien. klin. Wochenschr., H. 17. 1912.

Carones, D.: Beitrag zum Studium der Menopause, Symptome und Behandlung. Rev. espanila de obstetr. y ginecol. 1924.

Cholmogoroff: Sklerose der Uterusarterien. Monatsschr. f. Geburtsh. u. Gynäkol., Bd. 11.

Christofoletti: Gynäkol. Rundschau, H. 5. 1911.

Chrobak: zit. nach Knauer: Verletzungen, Fremdkörper und deren Folgen. Menge-Opitz' Handb. der Frauenheilkunde. München: J. F. Bergmann. 1920.

Chvostek: Xanthelasma und Ikterus. Wien. klin. Wochenschr., H. 46. 1910.

Clement: Cardiopathie de la ménopause. Lyon méd., H. 31. 1884.

Culbertson: Surg., gynecol. a. obstetr., Bd. 23.

Cummings: Brit. med. journ. 1884.

Curschmann: Klimax und Myxödem. Zeitschr. f. d. ges. Neurol. u. Psychiatrie, Bd. 41. 1918.
— Angina pectoris vasomotoria. Ref. Münch. med. Wochenschr. 1909.
— Zur Korrelation zwischen Thyreoida und weiblichem Genitale. Münch. med. Wochenschr. 1923.

Dalché: Tetanie de la ménopause amélioré par l'opotherapie ovarienne. Soz. Ther. Presse méd. 1909.
— La ménopause chirurgicale. Progr. méd., Nr. 47. 1921.
— zit. nach Kuttner: Magenkrankheiten, Störungen der Sekretion. Spez. Pathol. u. Ther. v. Kraus-Brugsch, Bd. 5. Berlin-Wien: Urban u. Schwarzenberg. 1921.
— Pruritus und Craurosis vulvae. Journ. de méd. et chir. 1908. Ref. Zentralbl. f. Gynäkol. 1909.

Dercum: Americ. journ. of the med. sciences. 1892.

Dirks: Über Veränderungen des Blutbildes bei der Menstruation bei Menstruationsanomalien und in der Menopause. Arch. f. Gynäkol., Bd. 97.

Döderlein, A.: Operative Gynäkologie, 4. Aufl. Leipzig: Thieme. 1921.

v. Eiselsberg: Die Krankheiten der Schilddrüse. Stuttgart: F. Enke. 1901.

— Über vegetative Störungen im Wachstum von Tieren nach frühzeitiger Schilddrüsenexstirpation. Arch. f. klin. Chir., Bd. 49. 1895.

Engelhorn: Zur Behandlung der Ausfallserscheinungen. Münch. med. Wochenschr., H. 45. 1915.

Eymer, H.: Das Klimakterium. Klin. Wochenschr., H. 9. 1927.

Ewald: Psychische Störungen des Weibes. Biol. u. Pathol. des Weibes v. Halban-Seitz, Bd. 5. Berlin-Wien: Urban u. Schwarzenberg.

Favarger, M.: Über Graviditäts- und Altersveränderungen der Vaginalschleimhaut. Inaug.-Diss. München. 1913.

Feldweg: Über Folgen und Wert der Röntgenkastration. Münch. med. Wochenschr., H. 6. 1927.

Fiebag: Climacterium praecox. Inaug.-Diss. Breslau. 1911.

Flatau, S.: Die Heilung klimakterischer Gebärmutterblutungen durch Radium. Münch. med. Wochenschr., H. 35. 1922.

— und Herzog: Klinische und pathologisch-anatomische Mitteilungen über die Colpodystrophia postclimacterica (Colpitis vetularum). Arch. f. Gynäkol., Bd. 127. 1926.

Fleischmann: Myomentwicklung nach Ovarientransplantation. Zentralbl. f. Gynäkol., H. 3. 1922.

Floris, M.: Zur Beurteilung der Wirkung von Eierstockspräparaten. Wien. klin. Wochenschr., H. 46. 1923.

Fornero, A.: Ein Fall von Raynaudscher Krankheit während der Prämenopause, Opotherapie und Genesung. Wien. med. Wochenschr., H. 41. 1925.

Fränkel, E.: Über den Uterus senilis, insbesondere das Verhalten der Arterien in demselben. Arch. f. Gynäkol., Bd. 83. 1907.

Fränkel, L.: Die Physiologie der weiblichen Genitalorgane. Biol. u. Pathol. d. Weibes v. Halban-Seitz, Bd. 1. Berlin-Wien: Urban u. Schwarzenberg.

Frankl: Pathologische Anatomie und Histologie der weiblichen Genitalorgane. Liepmanns Handb. der ges. Frauenheilk. Leipzig: F. C. W. Vogel. 1914.

v. Franqué: Operation oder Bestrahlung bei Frauenkrankheiten? Med. Klinik, H. 49. 1920.

Zeitschr. f. Geburtsh. u. Gynäkol., Bd. 60.

Franz: Die Behandlung der klimakterischen Blutungen mit Röntgenstrahlen. Therapie d. Gegenw. 1916.

Franz, K. und B. Zondek: Beziehungen der Geburtshilfe und Gynäkologie zur inneren Medizin. Spez. Pathol. u. Ther. v. Kraus-Brugsch. Berlin-Wien: Urban u. Schwarzenberg. 1923.

Fritsch: Klimakterische Beschwerden. Die deutsche Klinik am Eingang des 20. Jahrhunderts, Bd. 9. 1904.

— Die Krankheiten der Frauen. Leipzig. 1910.

— in Veits Handbuch d. Gynäkol., Bd. 3. 1908.

Frommberger: Über die praktische Bedeutung der postoperativen Ausfallserscheinungen. Inaug.-Diss. Rostock. 1915.

Fuchs: Die Ausfallserscheinungen nach der Röntgenmenopause. Strahlentherapie. 1921.

Gabschuß: Die Wechseljahre. Ärztl. Rundschau, H. 54. 1926.

Gal, F.: Die Resultate der operativen und Strahlenbehandlung des Gebär-
mutterfibroms mit besonderer Berücksichtigung der sogenannten Ausfallserscheinungen. Strahlentherapie, H. 2. 1923.

Gardlund, W.: Über die Ätiologie und Therapie der Craurosis vulvae.
Monatsschr. f. Geburtsh. u. Gynäkol., Bd. 49.

Garkisch, S.: Klinische und anatomische Beiträge zur Lehre vom Uterusmyom. Ref. Zentralbl. f. Gynäkol., H. 7. 1911.

di Gaspero: Über Affektionen des Ileosakralgelenkes. Zeitschr. f. d. ges.
physikal. Therapie, Bd. 33. 1927.

Giroux, R. et J. Vacoel: L'hypertension de la ménopause. Pronostic
et traitement. Bull. méd., H. 26. 1924.

Gluzinski, A.: Einige Bemerkungen zum klinischen Bild des Klimakteriums.
Wien. klin. Wochenschr., H. 48. 1909.

— Bemerkungen zu dem klinischen Bild des Klimakteriums in Verbindung
mit Störungen der inneren Sekretion ausführungsloser Drüsen. Gazeta
lekarska, H. 46. 1909.

Gördes: Über Craurosis vulvae. 84. Vers. deutsch. Naturf. u. Ärzte 192.
Ref. Zentralbl. f. Gynäkol. 1912.

Gonzales: Augenkongestionen in der Menopause. Med. ibera, Bd. 16. 1922.

Gordon, A.: Nervöse und psychische Störungen in der Gefolgschaft der
Kastration beim Weibe. Zentralbl. f. Gynäkol. 1917.

Graff, E.: Klimakterische Beschwerden. Wien. klin. Wochenschr., H. 43. 1924.

v. Graff: Schilddrüse und Genitale. Arch. f. Gynäkol., Bd. 102.

Grödl: Die Röntgenbehandlung klimakterischer Erscheinungen. Münch.
med. Wochenschr. 1922.

Guggisberg: Referat über Wehenmittel. Zentralbl. f. Gynäkol. 1914.

Gusserow: Handb. d. Frauenkrankheiten, herausgegeben von Billroth,
Bd. 4.

Halban: Zur Klinik des Klimakteriums. Münch. med. Wochenschr., H. 4.
1923.

— Zur Therapie der klimakterischen Kongestionen. Med. Klinik, Jahrg. 18.
1922.

— und Köhler: Die Beziehungen zwischen Corpus luteum und Menstruation.
Arch. f. Gynäkol., Bd. 103.

— und Tandler: Anatomie und Ätiologie der Genitalprolapse beim Weibe.
Wien: Braumüller. 1907.

Hartmann: Über einen neuen Fall von antizipierter Menopause. Zentralbl.
f. Gynäkol. 1904.

Haub: Untersuchungen über Hypertonien im Klimakterium. Münch.
med. Wochenschr., H. 34. 1922.

Hebra: Handbuch der Hautkrankheiten. Wien: Braumüller. 1874.

Henkel: Die Störungen der Menstruation und ihre Behandlung. Dtsch.
med. Wochenschr., H. 7. 1923.

Heermann: Über die Lehre von den Beziehungen der oberen Luftwege
zu der weiblichen Genitalsphäre. Samml. zwangl. Abhandl. a. d. Geb.
d. Nasen-, Ohren-, Mund- und Halskrankheiten, Bd. 8. 1904.

Heidenhain: Arthritis senilis bilateralis symmetrica. Arch. f. klin. Chir.,
Bd. 127.

Heidenreich: Der Kropf. Ansbach. 1845.

Heimann: Über die Beziehungen von Thymus und Ovarium zum Blutbild.
Ref. Zentralbl. f. Gynäkol., H. 23. 1913.

Heimann: Zeitschr. f. Geburth. u. Gynäkol., Bd. 73.

Heymann: Zur Einwirkung der Kastration auf den Phosphorgehalt des weiblichen Organismus. Zentralbl. f. Gynäkol. 1905.

Heymanns, C.: Influence de la castration sur les échanges respiratoires, la nutrition et le jeun. Journ. de physiol. et de pathol. gén., H. 19. 1921.

Heyn: zit. nach Eymer: Das Klimakterium. Klin. Wochenschr., H. 9. 1927.

v. His: Die Gelenkserkrankungen während der Klimax. Monatsschr. f. Geburtsh. u. Gynäkol., Bd. 75. 1926.

Hitschmann und Adler: Monatsschr. f. Geburtsh. u. Gynäkol., Bd. 27. 1908.

Hofbauer, J.: Ovarialtherapie klimakterischer Toxikodermien. Zentralbl. f. Gynäkol., H. 14. 1922.

Hofmeier: Zentralbl. f. Gynäkol., H. 45. 1916.

Hofmeiner: Handbuch der Frauenkrankheiten, 14. Aufl. 1908.

Hornung: Unsere Erfahrungen bei der operativen Myombehandlung. Zentralbl. f. Gynäkol., H. 10. 1921.

Hoskins and Wheelon: Ovarien Exstirpation and vasomotor Irradiability. Americ. journ. of physiol., H. 1. 1914.

Huzinsky: Wien. klin. Wochenschr., H. 48. 1909.

Israel: Berlin. klin. Wochenschr. 1898.

v. Jagić: Herzkrankheiten bei Frauen. Berlin-Wien: Urban u. Schwarzenberg. 1926.

— und Hickl: Pathologie, Klinik und Therapie der Erkrankungen blutbildender Organe in Beziehung zur Gynäkologie. Biol. u. Pathol. d. Weibes v. Halban-Seitz, Bd. 5. Berlin-Wien: Urban u. Schwarzenberg.

— und Spengler: Zur Klinik des Klimakteriums. Wien. med. Wochenschr., H. 50. 1921.

— — Zur Klinik des Klimakteriums. Wien. klin. Wochenschr., H. 34. 1921.

v. Jaschke: Der klimakterische Symptomenkomplex in seinen Beziehungen zur Gesamtmedizin. Prakt. Ergebn. d. Geburtsh. u. Gynäkol., Bd. 5. 1913.

— Zeitschr. f. Geburtsh. u. Gynäkol., Bd. 74.

— Zentralbl. f. d. ges. Gynäkol. u. Geburtsh., Bd. 1.

Jones, A. Th.: Metrorrhagia due the atheroma of the uterine vessels. Americ. journ. of obstretr. u. gynecol., Vol. 67.

Joseph: Gutartige Neubildungen der Haut. Mraceks Handbuch der Hautkrankheiten.

Jouin: zit. nach Aschner: Die Konstitution der Frau. München: J. F. Bergmann. 1924.

Jung: Die Ätiologie der Craurosis vulvae. Zeitschr. f. Geburtsh. u. Gynäkol., Bd. 52. 1904.

Keller: Blutgerinnungszeit und Ovarialfunktion. Arch. f. Gynäkol., Bd. 97.

Kermauner: Zur Bewertung und Behandlung der Colpitis granularis. Wien. klin. Wochenschr., H. 23. 1925.

Kehrer:, E. Arch. f. Gynäkol., Bd. 112. 1920.

Kehrer, F.: Die Psychosen des Um- und Rückbildungsalters. Zeitschr. f. d. ges. Neurol. u. Psychiatrie. 1927.

Kiehne: Vergleichende Blutuntersuchungen nach Röntgenkastration und vaginaler Uterusexstirpation bei Blutungen. Münch. med. Wochenschr. 1923.

Kisch, H.: Über rhythmisch auftretende pathologische Symptome in der Menakme und Menopause des Weibes und deren Balneotherapie. Berlin. klin. Wochenschr., H. 19. 1906.

— Untersuchungen über Hypertonien im Klimakterium. Münch. med. Wochenschr., H. 29. 1922.

Kisch, H: Das Geschlechtsleben des Weibes. Berlin-Wien: Urban u. Schwarzenberg. 1924.
— Das klimakterische Alter der Frauen. Erlangen: Enke. 1874.
Kleinwächter, L.: Einige Worte über die Menopause. Zeitschr. f. Geburtsh. u. Gynäkol., Bd. 47. 1902.
— Zeitschr. f. Geburtsh. u. Gynäkol., Bd. 22.
Knipping: Stoffwechselfragen und innere Sekretion in und nach der Schwangerschaft. Arch. f. Gynäkol. 1923.
Koblanck: Operation oder Bestrahlung bei klimakterischen Blutungen. Zentralbl. f. Gynäkol., H. 30. 1918.
— in Veits Handb. d. Gynäkol., Bd. 3. 1908.
Kobrack: Die angioneurotische Oktavuskrise. Passows Beiträge, Bd. 18. Berlin.
Köhler: Medikamentöse und Organotherapie. Biol. u. Pathol. d. Weibes v. Halban-Seitz, Bd. 2. Berlin-Wien: Urban u. Schwarzenberg.
Kolde: Arch. f. Gynäkol. 1913.
Kon, J. und R. Karaki,: Über das Verhalten der Blutgefäße in der Uteruswand. Virchows Arch., H. 3. 1910.
Kraul: Untersuchungen über die Wirkung der Uterusexstirpation und der künstlichen Menopause. Wien. klin. Wochenschr., H. 11. 1926.
Kretschmer: Körperbau und Charakter. Berlin: J. Springer. 1921.
Krieger, E.: Die Menstruation. Eine gynäkologische Studie. Berlin: J. Springer. 1869.
v. Kroph: Erkrankungen der Haut und deren Beziehungen zu den Geschlechtsorganen des Weibes. 6. Suppl.-Band zu Nothnagels Handb. 1913.
Küstner, H.: Untersuchungen über die innersekretorischen Veränderungen nach Uterusexstirpation, operativer Kastration, Röntgenkastration und im normalen Klimakterium. Monatsschr. f. Geburtsh. u. Gynäkol., Bd. 70. 1925.
Kuttner, L.: Magenkrankheiten, Störungen der Sekretion. Spez. Pathol. u. Ther. v. Kraus-Brugsch, Bd. 5. Berlin-Wien: Urban u. Schwarzenberg. 1921.
Labhardt: Die Erkrankungen der äußeren Genitalien und der Vagina. Biol. u. Pathol. d. Weibes v. Halban-Seitz, Bd. 3. Berlin-Wien: Urban u. Schwarzenberg.
Lahm: Zentralbl. f. Gynäkol., H. 35. 1923.
— Zeitschr. f. Geburtsh. u. Gynäkol., Bd. 85. 1923.
Landau: Krankhafte Blutungen im Klimakterium. Therapie der Gegenw. 1900.
Lehfeld: Zentralbl. f. Gynäkol. 1926.
Löser: Der Fluor, seine Entstehung und eine neue kausale Therapie mittels des Bakterienpräparates „Bazillosan". Zentralbl. f. Gynäkol., H. 17. 1920.
Lohmann: Rhythmische Erscheinungen bei Augenkrankheiten. Münch. med. Wochenschr., H. 22. 1920.
Lüthje: Arch. f. exp. Pathol. u. Therapie, Bd. 48 u. 50.
Luithlen, F.: Die Beeinflussung der inneren Sekretion als ätiologische Therapie bei Dermatosen der Pubertät und des Klimakteriums. Med. Klinik, Jahrg. 17, H. 8. 1921.
Malamud, Th. et P. Mazzoco: La calcemie des femmes réglées ou en ménopause. Cpt. rend. des séances de la soc. de biol., Bd. 88. 1923.
Malmio, H. R.: Über das Alter der Menopause. Finnland. Eine statistische Studie. Acta societatis medicorum Fennicae „Duodecim", H. 1/2. 1921.

Martin, E.: Der Haftapparat der weiblichen Genitalien. Berlin: S. Karger. 1911.

Mathes, P.: Zur Heilung der Kraurosis. Wien klin. Wochenschr., H. 37. 1918.

— Die Konstitutionstypen des Weibes, insbesondere der intersexuelle Typus. Biol. u. Pathol. d. Weibes v. Halban-Seitz, Bd. 2. Berlin-Wien: Urban u. Schwarzenberg.

Mayer, A.: Arch. f. Gynäkol., Bd. 125. Kongreßber.

— Die Störungen der Eierstocksfunktion bei Myom. Oberrhein. Ges. f. Geburtsh. Sitzg. v. 8. März 1914.

— und E. Schneider: Über Störung der Eierstocksfunktion und über einige strittige Myomfragen. Münch. med. Wochenschr., H. 19. 1914.

Meier, Fr.: Über die klimakterische Blutdrucksteigerung. Med. Klinik, H. 27. 1920. Ref. Zentralbl. f. Gynäkol. 1920.

Menge: Über Arthropathia ovaripriva. Zentralbl. f. Gynäkol., H. 30. 1924.

— Über den Fluor genitalis des Weibes. Ref. d. 19. Vers. d. deutsch. Ges. f. Gynäkol. Wien. 1925.

Meyer, E.: Die Beziehungen der funktionellen Neurosen, speziell der Hysterie, zu den Erkrankungen der weiblichen Genitalorgane. Monatsschr. f. Geburtsh. u. Gynäkol., Bd. 23. 1906.

Meyer, R.: Beitrag zur Lehre von der normalen und der krankhaften Ovulation. Arch. f. Gynäkol., Bd. 113.

— Zeitschr. f. Geburtsh. u. Gynäkol., Bd. 83. 1921.

— Zentralbl. f. Gynäkol., H. 15. 1923.

— Zentralbl. f. Gynäkol., H. 22. 1925.

Meyer-Ruegg, H.: Eine besondere Form der klimakterischen Blutungen. Zentralbl. f. Gynäkol., H. 22. 1907.

Michaelis: Über Blutungen im Beginn der Pubertät. Inaug.-Diss. Freiburg. 1911.

Moosbacher, E. und E. Meyer: Klinische und experimentelle Beiträge zur Frage der sogenannten Ausfallserscheinungen. Monatsschr. f. Geburtsh. u. Gynäkol., Bd. 37.

Mosler: Über Sclerodermia diffusa. Dtsch. med. Wochenschr., H. 28. 1898.

Munk: Über die genuine, insbesondere die klimakterische Hypertonie. Verh. d. Ges. f. Geb. u. Gyn. Berlin, Sitzg. v. 12. Februar 1926. Ref. Zeitschr. f. Geburtsh. u. Gynäkol., Bd. 90. 1926.

— Die chronischen Erkrankungen der Gelenke. Spez. Pathol. u. Ther. v. Kraus-Brugsch, Bd. 9. Berlin-Wien: Urban u. Schwarzenberg. 1923.

Neumann: Zeitschr. f. klin. Med., Bd. 59. 1910.

— Über Beziehungen von Gelenkskrankheiten zur klimakterischen Lebensperiode. Med. Klinik, H. 12. 1907.

— und Herrmann: Biologische Studien über die weibliche Keimdrüse. Wien. klin. Wochenschr., H. 12. 1911.

Novak J.: Die Bedeutung des weiblichen Genitales für den Gesamtorganismus. Nothnagels Handb. f. spez. Pathol. u. Ther., Suppl.-Bd. 6.

— Beziehungen zwischen Ohrenkrankheiten, Nase, Larynx, Muskulatur, Knochensystem und Verdauungstrakt zum weiblichen Genitale. Biol. u. Pathol. d. Weibes. v. Halban-Seitz, Bd. 5. Berlin-Wien: Urban u. Schwarzenberg.

— Wege und Ziele auf dem Gebiete der inneren Sekretion vom gynäkologischen Standpunkte. Montsschr. f. Geburtsh. u. Gynäkol. 1914.

— Beziehungen zwischen Haut und weiblichem Genitale. Biol. u. Pathol. d. Weibes v. Halban-Seitz, Bd. 5. Berlin-Wien: Urban u. Schwarzenberg.

Nowak, J.: Über Arthropathia ovaripriva. Zentralbl. f. Gynäkol., H. 41. 1924.

Nowikoff: Die Beziehungen der klimakterischen Erscheinungen zu den Gesetzen der vitalen Energie des weiblichen Organismus. Journal akuscherstwa i shenskich bolesnei 1907.

Nussbaum, W.: Zur Therapie des Klimakteriums. Dtsch. med. Wochenschr., H. 44. 1925.

Oliver, J.: Question of an internal secretion from the human ovary. Journ. of physiol., Vol. 4. 1912.

Olshausen, R.: Über Pruritus und andere Genitalneurosen. Zeitschr. f. Geburtsh. u. Gynäkol., Bd. 56. 1905.

Orthmann: Zeitschr. f. Geburtsh. u. Gynäkol., Bd. 19.

Pal, J.: Gefäßkrisen. Leipzig: S. Kirzel. 1905.

Pankow: Metropathia haemorrhagica. Zeitschr. f. Geburth. u. Gynäkol., Bd. 65. 1909.

— Der Einfluß der Kastration und der Hysterektomie auf das spätere Befinden der operierten Frauen. Münch. med. Wochenschr., H. 6. 1909.

— Bestrahlung bei Myomen und Metropathien. Strahlentherapie, Bd. 21. 1926.

— Ausfallserscheinungen nach operativer und Röntgenkastration. Zentralbl. f. Gynäkol. 1920.

— Über die Ursache uteriner Blutungen. Monatsschr. f. Geburtsh. u. Gynäkol., Bd. 33.

Parviainen: zit. nach Moraller und Hoehl: Atlas der normalen Histologie der weiblichen Geschlechtsorgane. Leipzig: J. A. Barth. 1912.

Pawinsky: Die arterielle Spannung in der klimakterischen Periode der Frauen. Gazeta lekarska 1904.

Pelnarz, J.: Über die sogenannte klimakterische Neurose. Zeitschr. f. klin. Med., H. 3. 1916.

Peters, H.: Die klimakterischen Beschwerden und ihre Behandlung. Wien. med. Wochenschr., H. 7. 1926.

Piccione: Einfluß der inneren Ovariensekretion auf das Blut. Riv. osped., Nr. 14. 1914.

Pierra, L.: Sur quelques particularités de la menstruation chez les neuroarthritiques. Ref. Zentralbl. f. Geburtsh. u. Gynäkol. u. Grenzgeb., Bd. 1. 1913.

Pineles: Zur Pathogenese der Heberdenschen Knoten. Wien. med. Wochenschr., H. 25. 1908.

— Über Jodbasedow im Klimakterium. Wien. med. Wochenschr., H. 14. 1923.

Pollak: Die antizipierte Klimax und ihre Folgen für den Organismus. Zentralbl. f. Gynäkol. 1905.

Popoff: Frauenherz und Klimax. Therapie der Gegenw. 1907.

Potter: Blutdruck im Klimakterium. Brit. med. journ. 1911.

Porges und Adlersberg: Behandlung der Basedowschen Krankheit mit Ergotamin. Verh. d. Ges. d. Ärzte Wien. 1924.

Rankin: The climacteric of life. Ref. Zentralbl. f. inn. Med. 1919.

Rayer: Traité theor. et prat. de mal de la peau. Paris 1835.

Reifferscheidt: Die Einwirkung der Röntgenstrahlen auf tierische und menschliche Eierstöcke. Strahlentherapie, Bd. 5. 1915.

Ridella, A.: Insufficienza utero-ovarica nelle manifestazioni emorragiche genitali non ostetriche ne infiammetori e acute, ne neoplastiche. Forme dell' eta sessuale valida precedente e successiva alla menopausa. Folia gynaecol., Bd. 20. 1924.

Rittmann, R.: Blutkalziumspiegel und Menstruation. Ein Beitrag zur Analyse der endokrinen Störungen in der Menstruation. Wien. Arch. f. inn. Med., Bd. 8. 1924.

Rosin, H.: Über den Arthritismus des Klimakteriums und seine Behandlung. Therapie der Gegenw. 1917.

Ross, J. N. und Mac Bean: Asthma and the radium menopause. Brit. med. journ., H. 3184. 1922.

Cecil Russel, L. and Benjamin H. Archer: Arthritis of the menopause. Journ. of the Americ. med. assoc. 1925.

Sabatucci und Zanelli: Ein Fall von Adipositas dolorosa im Anschluß an Ovariektomie. II. Policlin. Gaz. prat. 1912.

Sachs: Über die Wirkung der Kastrationsbestrahlung und ihren Einfluß auf die nachfolgende Eireifung. Zentralbl. f. Gynäkol., H. 20. 1927.

Sänger: Arch. f. Gynäkol., Bd. 23.

Savage, G. H.: The mental diseases of the climacteric. Lancet. 1903.

Savariaud: Choix d'une opération en cas de prolapsus complet ou presque complet des femmes approchant de la ménopause ou déjà ménopausées. Presse méd., H. 82. 1923.

Savini, E. et M. Garofeano: Quelques recherches sur le sang à la ménopause. Cpt. rend. des séances de la soc. de biol. 1923.

Scanzoni: Krankheiten der weiblichen Sexualorgane, Bd. I. Wien: Braumüller. 1867.

Schäffer, R.: Die Menstruation, in Veits Handb. d. Gyn., Bd. 3, 2. Aufl.
— Über Beginn, Dauer und Erlöschen der Menstruation. Monatschr. f. Geburtsh. u. Gynäkol., Bd. 23. 1906.

Schauta: Lehrbuch der Gynäkologie, 2. Aufl. Wien: F. Deuticke. 1907.

Schenk: Beitr. z. Chir., Bd. 67. 1910.

Scheuer: Hautkrankheiten sexuellen Ursprungs bei Frauen. Berlin-Wien: Urban u. Schwarzenberg. 1921.

v. Schickele: Die nervösen Ausfallserscheinungen der normalen und frühzeitigen Menopause in ihren Beziehungen zur inneren Medizin. Lewandowskys Handb. f. Neurologie, innere Sekretion und Nervensystem.
— Arch. f. Gynäkol., Bd. 97.
— Münch. med. Wochenschr., H. 3. 1911.
— Zur Deutung seltener Hypertonien. Med. Klinik, H. 31. 1912.
— Die sogenannten Ausfallserscheinungen. Monatsschr f. Geburtsh. u. Gynäkol., Bd. 36.

Schiffmann, J.: Postklimakterische Blutungen und Ovarialkarzinom. Zentralbl. f. Gynäkol., H. 40. 1925.

Schlesinger: Zur Frage der klimakterischen Blutdrucksteigerung. Berl. klin. Wochenschr., H. 21. 1921.

Schmidt, H. H.: Ungewöhnliche Myomfälle. Zentralbl. f. Gynäkol., H. 2. 1923.

Schmidt, H. R.: Wiederholte Karzinomentwicklung auf leukoplakischer Grundlage. Zeitschr. f. Geburtsh. u. Gynäkol., Bd. 83. 1921.

Schmit, R.: Über das konstitutionelle und symptomatische Milieu des essentiellen Hochdrucks. Med. Klinik, H. 45. 1923.

Schönlein: Pathologie und Therapie, Bd. 1.

Schröder, R.: Sammelreferat Gynäkol. Rundschau, Bd. 10. 1916.
— Die Pathologie der Menstruation. Biol. u. Pathol. d. Weibes v. Halban-Seitz, Bd. 3. Berlin-Wien: Urban u. Schwarzenberg.

Schuberth, G.: Über die neue Behandlungsmethode des Pruritus vulvae und andere Sakralneurosen. Münch. med. Wochenschr., H. 14. 1911.

Schultheiss: Postklimakterische Myomkomplikationen. Zugleich ein Beitrag zur operativen Myomstatistik. Arch. f. Gynäkol., Bd. 128. 1926.

Schur: Stoffwechsel und Gynäkologie, Biol. u. Pathol. d. Weibes v. Halban-Seitz, Bd. 5. Berlin-Wien: Urban u. Schwarzenberg.

Schuster: Die klimakterische und präklimakterische Arteriosklerose eine Folge innersekretorischer Störungen. Fortschr. d. Med., H. 9. 1019.

Schwarz, G.: Was ist von den Aschnerschen Vorstellungen über die Folgen der Röntgenbestrahlung bei gynäkologischen Blutungen zu halten? Wien. klin. Wochenschr., H. 29. 1925.

Schwarz, O.: Über die sogenannte nervöse Pollakiurie bei Frauen. Wien. med. Wochenschr., H. 13. 1913.

Schwarz, P.: Sklerodermie und Röntgenkastration. Schweiz. med. Wochenschr., H. 11. 1926.

Seeligmann: Über Pruritus und Craurosis vulvae. 83. Vers. deutsch. Naturf. u. Ärzte Karlsruhe. Ref. Zentralbl. f. Gynäkol. 1911.

Segmüller, H.: Über Ausfallserscheinungen und Folgezustände nach doppelseitiger Ovariotomie. Inaug-Diss. Erlangen. 1914.

Sellheim: Der Einfluß der Kastration auf das Knochenwachstum des geschlechtsreifen Organismus. Festschr. f. Freund. 1913.

— Nagels Handb. d. Physiol. des Menschen. Braunschweig: F. Vieweg u. Sohn. 1905.

— Hygiene und Diätetik der Frau. München: J. F. Bergmann. 1926.

Singer, G.: Darmerkrankungen im Klimakterium. Med. Klinik, H. 18. 1908.

Slonaker, J. Rollin and Thomas A. Card: Effect of a restricted diet on pubescence and the menopause. Americ. journ. of physiol., Bd. 64. 1923.

Srb, O.: Histologische Befunde in der Uterusschleimhaut bei Blutungen im Klimakterium. Časopis lékařův českých, H. 5. 1924.

Steinhardt: Ein Beitrag zur Frage der künstlichen Menopause. Zeitschr. f. Geburtsh. u. Gynäkol., Bd. 91. 1927.

Stiller: Die asthenische Konstitutionskrankheit. Stuttgart: F. Enke. 1907.

Straßmann, E.: Die Kreislaufänderung durch Klimakterium und Kastration, besonders bei Myom. Arch. f. Gynäkol., Bd. 126. 1925.

— Arznei- und Diätverordnungen für die gynäkologische Praxis. Berlin: Hirschwald. 1912.

Stratz, C. H.: Rassenlehre. Biol. u. Pathol. d. Weibes v. Halban-Seitz, Bd. 1. Berlin-Wien: Urban u. Schwarzenberg.

— Menarche und Tokarche. XII. Vers. deutsch. Gynäkol., Dresden. 1907.

Szenes, U. und Stecher: Die Beeinflussung des Grundumsatzes durch Röntgen- und Diathermiebehandlung der Hypophysengegend. Zeitschr. f. d. ges. exp. Med., Bd. 48. 1925.

Szenes, A.: Die Diathermiebehandlung der Hypophysengegend bei ovariellen Ausfallserscheinungen. Wien. klin. Wochenschr., H. 12. 1925.

— und Palugyay: Ergebnisse der Röntgenbestrahlung der Hypophysengegend bei ovariellen Ausfallserscheinungen. Wien. klin. Wochenschr., H. 39. 1925.

Tacheki: Zeitschr. f. Konstitutionslehre, H. 12. 1926.

Tandler: Über den Einfluß der innersekretorischen Anteile der Geschlechtsdrüsen auf die äußere Erscheinung des Menschen. Wien. klin. Wochenschr., H. 13. 1910.

Tandler: Einfluß der Geschlechtsdrüsen auf die Geweihbildung bei Renntieren. Sitzungsber. d. Wien. Akad. 1910.
— und Groß: Die biologischen Grundlagen der sekundären Geschlechtscharaktere. Berlin: J. Springer. 1913.
— und Groß: Einfluß der Kastration auf den Organismus. Wien. klin. Wochenschr. 1907.
Theilhaber: Die Ursachen der präklimakterischen Blutungen. Arch. f. Gynäkol., Bd. 62. 1901.
— Ursachen der klimakterischen Blutungen. Münch. med. Wochenschr., H. 14. 1900.
Teuffel, R.: Kraurosis und Kankroid. Zentralbl. f. Gynäkol. 1913.
Tilt: zit. nach Kisch: Das Geschlechtsleben des Weibes. Berlin: Urban u. Schwarzenberg. 1924.
Tuffier, T. et A. Mauté: Les accidents de la ménopause artificielle. Presse méd., H. 97. 1912.
Turan: Klimakterium und Gicht. Wien. med. Wochenschr., H. 18. 1922.
Vermeylen, Nyssen et Lamsens: Quatre cas de catatonie à la ménopause. Journ. de psychol. 1923.
Veiel: zit. nach Scheuer: Hautkrankheiten sexuellen Ursprungs bei Frauen. Berlin-Wien: Urban u. Schwarzenberg. 1921.
Veit, J.: Erkrankungen der Vulva. Veits Handb. d. Gynäkologie, Bd. 3, 2. Aufl.
Vogt: Über die Beziehungen zwischen Psyche und Röntgentherapie. Strahlentherapie, Bd. 20. 1925.
— Über das atypische Verhalten des Uterus in der Menopause nach Röntgenkastration. Fortschr. a. d. Geb. d. Röntgenstr. 1922.
Walthardt: Arch. f. Gynäkol., Bd. 125. 1925. Kongreßber.
— Über den psychogenen Pruritus vulvae. Mittelrhein. Ges. f. Geb. u. Gyn. 29. Januar 1911. Ref. Monatsschr. f. Geburtsh. u. Gynäkol., Bd. 33. 1911.
— Der Einfluß des Nervensystems auf die Funktionen der weiblichen Genitalien. Prakt. Ergeb. d. Geburtsh. u. Gynäkol., Bd. 2, H. 2.
Wiesel, J.: Innere Klinik des Klimakteriums. Biol. u. Pathol. d. Weibes v. Halban-Seitz, Bd. 3. Berlin-Wien: Urban u. Schwarzenberg.
Wintz: Untersuchungen über klimakterische Ausfallserscheinungen. Arch. f. Gynäkol. 1925.
— Adipositas und Ovarien. Zentralbl. f. Gynäkol., H. 14. 1926.
Wolff: Die Lehre von der Krebskrankheit, Bd. 2. Jena: G. Fischer. 1911.
— Die Beeinflussung der sog. Ausfallserscheinungen durch Hypnose. Zentralbl. f. Gynäkol., H. 7. 1922.
Wolmershäuser: Kastration und Ausfallserscheinungen. Monatschr. f. Geburtsh. u. Gynäkol., Bd. 70. 1925.
Wollstein: Zur Klinik des Klimakteriums. Dtsch. med. Wochenschr., H. 13. 1923.
Würzburger: Blutbild und Blutkörperchensenkungsgeschwindigkeit. Zentralbl. f. Gynäkol., H. 20. 1925.
Zondek, B.: Vasomotorische Störungen im Klimakterium. Zeitschr. f. Geburtsh. u. Gynäkol., Bd. 83. 1920.
— Klinische und experimentelle Untersuchungen über den Wert der Organtherapie. Verh. d. deutsch. Ges. f. Gyn. Innsbruck. 1922.
Zuntz: Weitere Untersuchungen über den Einfluß der Ovarien auf den respiratorischen Stoffwechsel. Arch. f. Gynäkol., Bd. 96. 1912.

Die instrumentelle Perforation des graviden Uterus und ihre Verhütung

Von

Professor H. v. Peham und **Privatdozent H. Katz**

Vorstand der I. Universitäts-Frauenklinik in Wien

Assistent der I. Universitäts-Frauenklinik in Wien

208 Seiten. 1926. Preis: RM 12.—

. . . Die Verfasser haben aus der I. Universitäts-Frauenklinik in Wien sowie aus dem Gerichtlich-medizinischen Institut des Professors Haberda in Wien 100 derartige Unglücksfälle zusammengestellt und die daraus sich ergebenden Schlußfolgerungen in klinischer und forensischer Beziehung gezogen, um den Ärzten eindringlich darzulegen, wie notwendig es ist, die Behandlung der Fehlgeburten viel vorsichtiger, sachgemäßer und sorgfältiger vorzunehmen, als dies bis jetzt beklagenswerterweise überall der Fall ist. Wir wünschen diesem vortrefflichen Büchlein gerade unter den praktischen Ärzten recht weite Verbreitung; denn die große Erfahrung, die darin niedergelegt ist, wird vielleicht manchen vor solch verantwortungsvollen und den Arzt so oft schuldhaft, aber auch unschuldigerweise vor Gericht bringenden Verletzungen bewahren . . . *(Münchner medizinische Wochenschrift.)*

. . . Wir finden behandelt: die Umstände der Entstehung der Uterusperforation, die Veranlassung zum Eingriff, die Motive etwaiger Fruchtabtreibung und die an der Perforation beteiligten Personen, weiter die Anatomie und Pathologie der Uterusperforation, aus der die wesentlichen therapeutischen Richtlinien nach erfolgter Uterusperforation gefolgert werden, wie schließlich die forensische Bedeutung der Uterusperforation. Die Ursache für die Entstehung der Uterusperforationen sehen die Verfasser darin, daß von vielen Ärzten mit Instrumenten eine Ausräumung vorgenommen wird und vorgenommen werden darf. So stellt letzten Endes dieses Buch eine Kampfschrift gegen die instrumentelle Ausräumung dar. Dieser Gedanke zieht wie ein roter Faden durch alle Kapitel der Monographie. Man kann bezüglich des schonendsten Verfahrens bei der Ausräumung eines Abortus entgegengesetzter Ansicht sein; um die Tatsache, daß fast ausschließlich Instrumente eine Perforation und ihre oft furchtbaren Folgen hervorrufen, kommt man nicht herum und wird daher die Auffassung der beiden Autoren anerkennen müssen.

. . . Das Buch kann allen Fachkollegen, insbesondere allen praktischen Ärzten und vor allem den angehenden Ärzten nicht dringend genug zum eingehenden Studium empfohlen werden . . .

(Zentralblatt für Gynäkologie.)

Die Unfruchtbarkeit der Frau

Bedeutung der Eileiterdurchblasung für die Erkennung der Ursachen, die Voraussage und die Behandlung

Von Dr. Erwin Graff

a. o. Professor für Geburtshilfe und Gynäkologie an der Universität Wien

Mit 2 Abbildungen im Text. 100 Seiten. Abhandlungen aus dem Gesamtgebiet der Medizin. Preis: RM 6.90

Die Bezieher der „Wiener klinischen Wochenschrift" sind berechtigt, die „Abhandlungen aus dem Gesamtgebiet der Medizin" zu einem um 10% ermäßigten Vorzugspreis zu beziehen

Graff, der für sich das Verdienst in Anspruch nehmen darf, die amerikanische Methode der Eileiterdurchblasung nicht nur in die deutsche Frauenheilkunde eingeführt, sondern dieselbe auch durch kritikvolle Anwendung und Handhabung mit ausgebaut und klinisch gefestigt zu haben, stellt in dem vorliegenden Buche seine Erfahrungen an etwa 400 einschlägigen Fällen mit gegen 1000 Einzeldurchblasungen zusammen . . . *(Zentralblatt für Gynäkologie.)*

Das Problem der Unfruchtbarkeit des Weibes ist durch die Tubendurchblasungen vertieft worden. Das hat seine Geltung namentlich in diagnostischer Hinsicht. Der Verfasser hat zur Ausgestaltung dieser Methode selbst viel beigetragen. Es ist daher von besonderem Interesse, seinen Ausführungen zu folgen, die sich auf ein reiches und kritisch durchgearbeitetes Eigenmaterial aufbauen. Es wird die Methodik beschrieben, wobei das Originalverfahren von Rubin gegenüber den vielen späteren Modifikationen beibehalten wird. Die Indikationen und Kontraindikationen werden eingehend in allen ihren Möglichkeiten erörtert. Werden diese streng gehandhabt, so kann die Tubendurchblasung jeder Gefahr entkleidet werden. Sie sollte nur in der Hand des volle Einsicht in den jeweiligen Fall besitzenden Spezialarztes zur Anwendung gelangen. Die Deutung der Ergebnisse der Durchblasung verlangt eine besonders geschärfte Kritik. Bei der retrospektiven Beurteilung der perturbierten Fälle zeigt sich, daß in der Ätiologie des Tubenverschlusses nicht, wie bisher angenommen, der gonorrhoischen Infektion, sondern vorausgegangenen Unterbrechungen der Schwangerschaft überragende Bedeutung zukommt. Zugleich gestattet die Arbeit interessante Ausblicke in verschiedene Fragen der Tubenphysiologie und behandelt vieles, was in Zusammenhang mit der Gesamtheit des Sterilitätsproblems zu bringen ist. *(Klinische Wochenschrift.)*

Abhandlungen aus dem Gesamtgebiet der Medizin
Herausgegeben von der Schriftleitung der „Wiener klinischen Wochenschrift"

Die Malariatherapie der Syphilis. Von Dr. **Josef Matuschka** und Dr. **Rudolf Rosner**, Wien. Mit einem Vorwort von Professor Dr. Ernest F i n g e r. 88 Seiten. 1927. RM 4.80

Der Kraftwechsel des Kindes. Von Dr. **Egon Helmreich**, Assistent der Universitäts-Kinderklinik in Wien. Mit 21 Abbildungen und 18 Tabellen im Text. 119 Seiten. 1927. RM 6.90

Herzhinterwand und die ösophageale Auskultation. Von Privatdozent Dr. **S. Bondi**, Wien. Mit 32 Textabbildungen. 120 Seiten. 1927. RM 8.40

Therapie der organischen Nervenkrankheiten. Von Privatdozent Dr. **Max Schacherl**, Vorstand der Neuroluesstation am Kaiser Franz Joseph-Spital in Wien. 141 Seiten. 1927. RM 6.90

Schrumpfniere und Hochdruck. Von Dr. **A. Sachs**, Assistent der I. Medizinischen Abteilung des Allgemeinen Krankenhauses in Wien. 59 Seiten. 1927. RM 3.60

Der heutige Stand der Lehre von den Geschwülsten. Von Professor Dr. **Carl Sternberg**, Wien. Z w e i t e, völlig umgearbeitete und erweiterte Auflage. Mit 21 Textabbildungen. 142 Seiten. 1926. RM 7.50

Die Biochemie des Karzinoms. Von Dr. **Gisa Kaminer**, Adjunkt der Karzinomstation der Rudolf-Stiftung in Wien. 57 Seiten. 1926. RM 3.60

Die Bluttransfusion. Von Privatdozent Dr. **Burghard Breitner**, I. Assistent der I. chirurgischen Universitätsklinik in Wien. Mit 24 Textabbildungen. 114 Seiten. 1926. RM 6.90

Die paravertebrale Injektion. Von Dr. **Felix Mandl**, Assistent der II. chirurgischen Universitätsklinik in Wien. Mit 8 Textabbildungen. 120 Seiten. 1926. RM 6.60

Klinische und Liquordiagnostik der Rückenmarkstumoren. Von Dr. **Karl Grosz**, Assistent der Universitätsklinik für Psychiatrie und Nervenkrankheiten in Wien. 126 Seiten. 1925. RM 6.90

Die Haut als Testobjekt. Von Privatdozent Dr. **Adolf F. Hecht**, Wien. Mit 7, davon 6 farbigen Abbildungen. 87 Seiten. 1925. RM 6.30

Emphysem und Emphysemherz. Von Professor Dr. **Nikolaus Jagić** und Dr. **Gustav Spengler**. 48 Seiten. 1924. RM 1.50

Die oligodynamische Wirkung der Metalle und Metallsalze. Von Privatdozent Dr. **Paul Saxl**, Assistent der I. Medizinischen Klinik in Wien. 57 Seiten. 1924. RM 1.70

Herz- und Gefäßmittel, Diuretica und Specifica. Von Privatdozent Dr. **Rudolf Fleckseder**, Wien. 111 Seiten. 1923. RM 3.—

Die funktionelle Albuminurie und Nephritis im Kindesalter. Von Professor Dr. **Ludwig Jehle**, Wien. Mit 2 Abbildungen. 68 Seiten. 1923. RM 1.50

Die klinische Bedeutung der Hämaturie. Von Professor Dr. **Hans Rubritius**, Wien. 34 Seiten. 1923. RM 1.05

Die Abonnenten der „Wiener klinischen Wochenschrift" sind berechtigt, die „Abhandlungen aus dem Gesamtgebiet der Medizin" zu einem um 10% ermäßigten Vorzugspreis zu beziehen.